KB055684

멘사 수학
수학 테스트

멘사 수학 두뇌 프로그램

Mensa
The High IQ Society
®

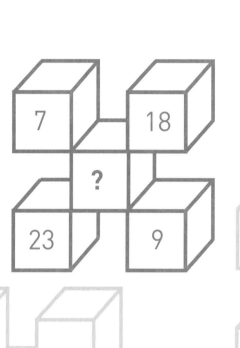

멘사 수학
수학 테스트

멘사 인터내셔널 지음 · 오화평 옮김

다산기획

도전 의욕과 성취 욕구를 자극하고 만족시켜주는 책!

오 화 평 _한성과학고등학교 수학 교사

이 책의 문제를 푸는 데에는 중학교에서 배우는 일차방정식 정도의 지식만 갖추면 충분하다. 하지만 일차방정식을 풀 수 있다고 해서 이 책의 모든 문제가 쉽게 풀리는 것은 아니다. 때로는 숨어 있는 규칙성에 주목해야 하고, 가지고 있는 논리력을 총동원하거나, 오랫동안 쓰지 않았던 연습장을 몇 장씩 동원해야 할지도 모른다. 그래도 잘 풀리지 않는 몇 개의 문제가 이 책을 보는 내내 스트레스를 가중시킬지도 모르겠다. (가끔은 마일, 야드, 페니, 알파벳과 숫자 등 우리나라에서는 다소 생소한 개념 때문에 애를 먹을 수도 있다. 하지만 알고 보면 별 것은 아니다.)

그럼에도 불구하고 이 책의 다양하면서도 반복적인 문제들은 여러분들의 도전 의욕과 성취 욕구를 적절히 자극하고 만족시켜주는 매력적인 존재들이다. 그 과정에서 어느새 여러분들은 미워하려고 해도 미워할 수 없는 존재처럼 이 책을 겨드랑이에 끼고 자신의 뇌를 즐겁게 혹사시키고 있는 자신을 발견하게 될 것이다. 단 너무 혹사시키지는 말길 바랄 뿐이다.

멘사 수학 두뇌 프로그램 시리즈!

멘사 수학 두뇌 프로그램의
5가지 활용법

두뇌 *upgrade* 1
논리적 추론 능력 향상!

멘사 수학의 핵심이며 중추이다. 기존의 지능 테스트와 달리 무질서하게 주어진 상황과 정보 속에서 도전자들이 비교 분석을 통해 질서와 규칙을 발견하도록 이끈다. 이 과정을 통해 논리적 사고 및 논리적 추론 능력이 향상된다.

두뇌 *upgrade* 3
공간 지각 능력 향상!

도형을 이용해 추리력과 공간 지각력을 테스트한다. 추상적인 시각 정보를 객관적으로 받아들이고 스스로 문제를 해결해가는 과정을 통해 수학에서 가장 난해한 분야인 공간 지각 능력을 향상시킨다. 또한 새로운 연역과 추론이 가능해지고, 결과적으로 다룰 수 있는 정보의 양도 늘어난다.

멘사 수학

아이큐 테스트
수학 테스트
퍼즐 테스트
논리 테스트

두뇌 *upgrade* 2
창의적인 문제 해결 능력 향상!

도전자에 따라 다양한 방식으로 유연하게 문제를 풀 수 있다. 상상력을 발휘하여 새로운 방식으로 시도하고 도전해봄으로써 사고의 유연성과 창의적인 문제 해결 능력을 키운다.

두뇌 *upgrade* 5
기억력과 집중력 향상!

멘사 수학의 다양한 수학 퍼즐을 풀어가는 과정은 곧 적극적인 두뇌 운동이자 훈련이다. 운동으로 근육을 만들듯, 멘사 수학 테스트는 집중력을 향상시키고 두뇌를 깨워 두뇌의 근육을 키워준다.

두뇌 *upgrade* 4
수리력과 정보 처리 능력 향상!

복잡하고 어려운 계산을 요구하지 않는다. 배우고 외운 내용을 기계적으로 학습하기보다는 실제 데이터를 바탕으로 발상의 전환을 요구한다. 수리력과 정보 처리 능력의 향상을 통해 탐구의 재미를 높이고, 새로운 사실을 받아들이는 능력을 키운다.

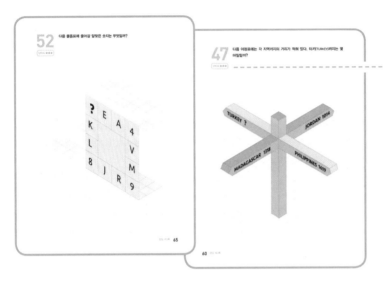

난이도 ★★★

각 문제마다 난이도를 3단계로 나
누어 표시해 두었다.

이 책에는 수리, 연산, 규칙, 논리,
공간 등 다양한 수학 영역의 문제
가 3단계의 난이도에 따라 구성되
어 있다.
**처음에는 쉬운 문제부터 도전해
보는 것도 좋은 방법이다.**
이 문제들은 문자(알파벳) 문제라
기보다는 그 안에서 일정한 규칙
을 찾는 문제이다.

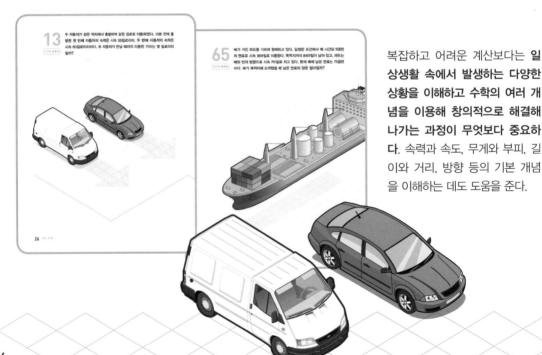

복잡하고 어려운 계산보다는 **일
상생활 속에서 발생하는 다양한
상황을 이해하고 수학의 여러 개
념을 이용해 창의적으로 해결해
나가는 과정이 무엇보다 중요하
다.** 속력과 속도, 무게와 부피, 길
이와 거리, 방향 등의 기본 개념
을 이해하는 데도 도움을 준다.

6

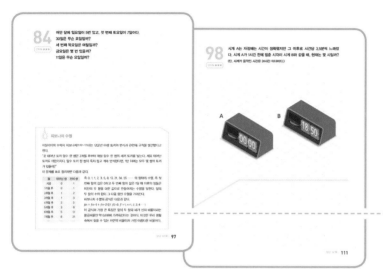

달력과 시계 등을 이용해
일정한 규칙을 찾아보는 문제이다.
달력과 시계는 수학 교육 과정에서 많이 활용되는 교구이며, 중요한 사고력 영역이다.
달력과 시계에는 수 개념뿐 아니라 시간이나 시각의 개념 등 생각보다 많은 비밀이 숨어 있다.

수학과 관련한 다양한 읽을거리를 따로 마련하였다.

수학의 기본은 수의 개념과 체계, 수의 관계와 규칙성을 이해하는 데서 출발한다. 이런 **수의 연산과 규칙성 문제들을 통해 두뇌 훈련도 하고, 수의 감각도 키우며, 집중력을 키우는 데도 도움이 된다.**

이소연 _안산 대월초등학교 선생님

이 책을 통해 다양한 유형과 난이도의 문제를 접함으로써 사고력과 창의력을 키울 수 있을 것 같다. 직관적 사고력을 요구하는 문제와 논리적 사고력을 요구하는 문제들이 골고루 섞여 있어 뇌 발달에도 도움이 될 것이다. 초등학교 고학년들도 풀 수 있는 문제가 많이 포함되어 있어 어린 아이들부터 성인들까지 함께 풀 수 있는 유용한 책이다.

김혜리 _한신 수학학원 원장

문제의 구성이 수리력 문제와 사고력 문제가 적당히 섞여 있어 매우 좋았다. 또한 모든 문제가 입체적인 그림과 함께 구성되어 있어 학생들 입장에서 신선하고 지루하지 않게 진행할 수 있다는 데에 높은 점수를 주고 싶다. 수학 공부라는 부담감 없이 풀다 보면 기분 전환에도 좋고, 창의적 사고력을 키우는 데도 도움이 될 것이다. 이 시리즈를 집에 비치해 둔다면 일상생활 속에서 아이들의 손길이 자주 갈 것 같다.

조진광 _자영업

나이가 들수록 암산이나 숫자를 기억하는 일이 점점 힘들어졌다. 이렇게 숫자 감각이 떨어지다 치매에 걸리지 않을까 걱정도 되었다. 뭐 좋은 방법이 없을까 고민하다 이 멘사 수학 시리즈를 알게 되었다. 처음에는 어떻게 문제를 풀어야 할지 감이 잡히지 않았다. 하루에 열 문제만 풀기로 하고 매일 반복하니 점점 속도가 빨라졌다. 같은 유형의 문제가 반복되어 풀이법을 응용하니 중간에 포기하지 않고 끝까지 풀 수 있었다. 오랜만에 몰입해서 문제를 풀다보니 점차 두뇌 회전이 빨라졌고 스스로도 대견했다.

정민형_원목중학교 1학년

숫자들에 대한 분석이 무척 재미있었다. 추상적인 수를 구체화시키는 과정이 다소 어렵게 느껴지기도 했지만 기발하고 신기했다. 숫자를 좋아하고 잘 다루는 친구들에게는 최고의 친구가 될 것 같다. 창의력과 사고력까지도 기를 수 있어 일석이조의 효과를 볼 수 있을 것 같다.

오지훈_면목중학교 1학년

수와 관련된 문제는 쉽게 풀 수 있었지만 화살표 방향 찾기 같은 패턴 문제는 조금 어려웠다. 답이 금방 보이지 않는 문제도 반복되는 패턴을 찾으려고 노력하다 보니 어느새 답을 맞히고 있는 내 자신을 발견할 수 있었다. 어려운 문제도 몇 문제 있었지만, 전체적으로 쉽고 재미있었다.

길나현_원목중학교 1학년

처음 풀어볼 때는 좀 막막하고 답답했다. 하지만 먼저 쉬운 문제들을 몇 개 골라 풀어보니 해결 가능한 문제가 하나둘씩 늘어났다. 멘사 문제를 풀었다는 데 뿌듯함과 성취감을 느낄 수 있어서 좋았다.

길다인_삼육중학교 3학년

속력이나 경우의 수, 수학 퍼즐 등 다양한 분야의 문제들로 구성되어 있어 무척 좋았다. 창의적인 수학적 사고를 기르는 데 도움이 되고, 특히 수학 퍼즐 문제를 통해 다양한 각도로 생각해 볼 수 있어 좋은 기회가 되었다.

멘사란 무엇인가?

멘사(Mensa)는 1946년 영국의 롤랜드 버릴(Roland Berrill) 변호사와 과학자이자 법률가인 랜스 웨어(Lance Ware) 박사에 의해 창설된 국제단체이다. 멘사는 아이큐가 높은 사람들의 모임으로, 비정치적이고 모든 인종과 종교를 넘어 인류복지 발전을 위해 최대한 활용한다는 취지로 만들어졌다. 남극 대륙을 제외한 각 대륙 40개국에 멘사 조직이 구성되어 있고, 10만 명의 회원이 가입되어 있다.

멘사는 라틴어로 '둥근 탁자'를 의미하며, 이는 위대한 마음을 가진 사람들이 둥근 탁자에 둘러앉아 동등한 입장에서 자신의 의견과 입장을 밝힌다는 의미를 담고 있다.

멘사는 자체 개발한 언어와 그림 테스트에서 일정 기준 이상의 점수를 통과하거나 공인된 지능 테스트에서 전 세계 인구 대비 상위 2% 안에 드는 148 이상을 받은 사람에게 회원 자격을 주고 있다. 이 점만이 멘사 회원의 유일한 공통점이며, 그 외의 나이, 직업, 교육 수준, 가치관, 국가, 인종 등은 매우 다양하다. 반면에 멘사는 정치, 종교 또는 사회 문제에 대해 특정한 입장을 지지하지 않는다.

이 모임의 목표는

첫째, 인류의 이익을 위해 인간의 지능을 탐구하고 배양한다.
둘째, 지능의 본질과 특징, 활용 연구에 매진한다.
셋째, 회원들에게 지적, 사회적으로 자극이 될 만한 환경을 제공한다.

아이큐 점수가 전체 인구의 2%에 해당하는 사람은 누구나 멘사 회원이 될 수 있다. 우리가 찾고 있는 '50명 가운데 한 명'이 당신이 될 수도 있다.

멘사 회원이 되면 다음과 같은 혜택을 누릴 수 있다

국내외의 네트워크 활동과 친목 활동
예술에서 동물학에 이르는 각종 취미 모임
매달 발행되는 회원용 잡지와 해당 지역의 소식지
게임 경시대회에서부터 함께 즐기는 정기 모임
주말마다 여는 국내외 모임과 회의
지능 자극에 도움이 되는 각종 강의와 세미나
여행객을 위한 세계적인 네트워크인 SIGHT에 접속할 수 있는 권한

멘사에 대한 좀 더 자세한 정보는 멘사 인터내셔널과 멘사코리아 홈페이지를 참조하기 바란다.

www.mensa.org | www.mensakorea.org

차례

멘사 수학
수학 테스트

문제

01

난이도 ★

461343은 타히티(Tahiti) 섬의 코드이고, 3562786은 이사벨라(Isabela) 섬의 코드이며, 463069는 타이완(Taiwan) 섬의 코드이다. 다음 섬들의 이름은 무엇일까?

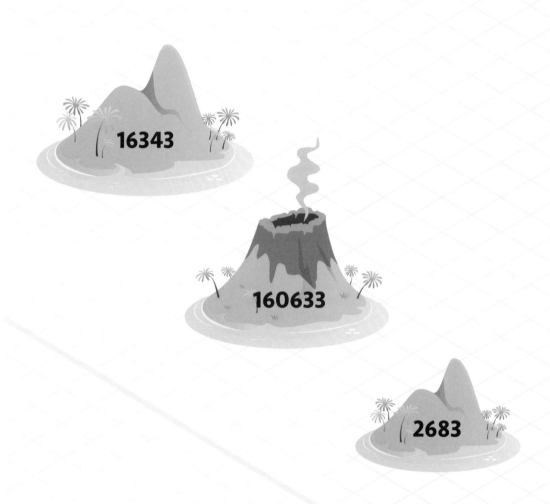

16343

160633

2683

02

난이도 ★★

같은 위치에서 동시에 출발한 자동차 A, B가 동일한 경로를 A는 시간당 45마일, B는 시간당 35마일로 움직인다. 자동차 A가 70마일을 이동한 뒤에 멈췄을 때, 자동차 B가 자동차 A를 따라잡는 데 얼마나 걸릴까?

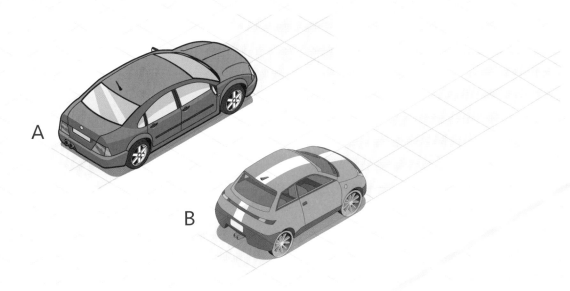

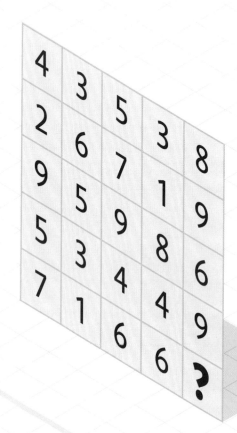

난이도 ★★

다음 물음표에 들어갈 알맞은 숫자는 무엇일까?

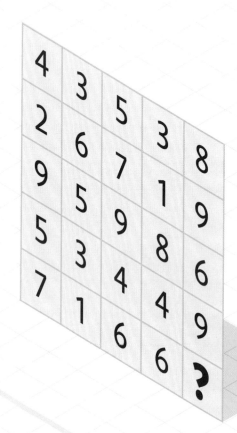

04

난이도 ★

일반 계산기로 주어진 순서에 따라 계산하려고 한다. 각 물음표에 +, −, ×, ÷ 기호를 한 번씩만 사용하여 13이 나오게 하려면 어떤 순서로 넣어야 할까?

$3 ? 8 ? 7 ? 9 ? 2 = 13$

시계 A는 자정에는 시간이 정확했지만 그 이후로 시간당 3.5분씩 느려졌다. 시계 A가 1시간 반 전에 멈춘 시각이 시계 B와 같을 때, 현재는 몇 시일까? (단, 시계는 24시간 이내로 움직인다.)

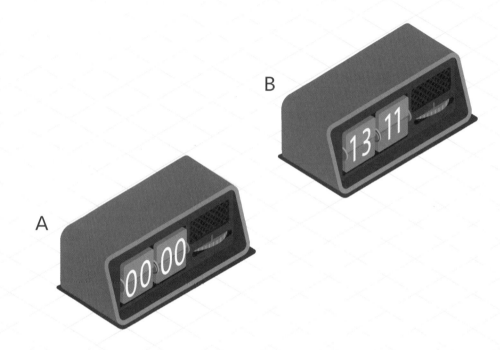

06 난이도 ★★

일반 계산기로 주어진 순서에 따라 계산하려고 한다. 각 물음표에 +, −, ×, ÷ 기호를 한 번씩만 사용하여 나오는 수 중에 가장 큰 값과 가장 작은 값은 얼마일까?

$$9 \ ? \ 3 \ ? \ 2 \ ? \ 7 \ ? \ 4 = \bigcirc$$

💡 '수학'이란 무엇일까?

수학(數學, mathematics)의 개념은 한 문장으로 정의하기도 어렵고, 시대에 따라 그 의미도 많이 변화해왔다. 과거에는 수학을 '수와 크기의 과학(科學, science)'이라고 했으나, 지금은 '수와 크기'라는 말로는 담을 수 없는 매우 추상적인 개념들을 다루고 있다. 수학은 수, 크기, 꼴에 대한 사고로부터 유래한 추상적인 대상들을 다루는 학문으로, 숫자와 기호를 사용해 이러한 대상들과 대상들의 관계를 탐구하는 학문이라 할 수 있다.

수학 개념들이 언제부터 역사 속에 존재했는지에 대해서는 정확하게 알기 어렵지만, 선사시대에 이미 수 개념이 있었다는 것을 체코슬로바키아에서 발견된 이리 뼈와 같은 유물을 통해 확인할 수 있다. 수학의 어원을 살펴보면, 'mathematics'는 '학습하다'는 뜻을 갖는 'μανθάνω(manthano)'에서 파생한 그리스어 'μάθημα(máthēma)'에서 유래하였다.

동양에서 수학은 본래 산학으로 불려왔으나, 1853년 서양의 수학책을 중국어로 번역한 『수학계몽(數學啓蒙)』에서 처음으로 지금의 '수학'이라는 용어를 사용하였다.

난이도 ★

다음 물음표에 들어갈 알맞은 숫자는 무엇일까?

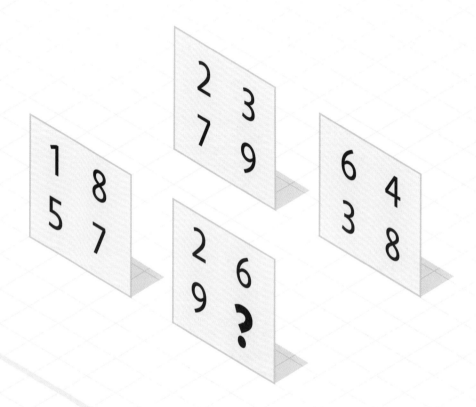

08

난이도 ★

JY=35, CG=10, LT=32일 때, BW의 값은 얼마일까?

09

자동차와 오토바이가 같은 위치에서 출발하여 같은 경로를 이동하고 있다. 자동차는 오토바이보다 2분 전에 출발하였고, 자동차와 오토바이의 속력은 각각 시속 60킬로미터, 시속 80킬로미터이다. 자동차와 오토바이가 만날 때까지 이동한 거리는 얼마일까?

10
난이도 ★★★

시계 A는 자정에는 시간이 정확했지만 그 이후로 시간당 4분씩 느려졌다. 시계 A가 3시간 전에 멈춘 시각이 시계 B와 같을 때, 현재는 몇 시일까?
(단, 시계는 24시간 이내로 움직인다.)

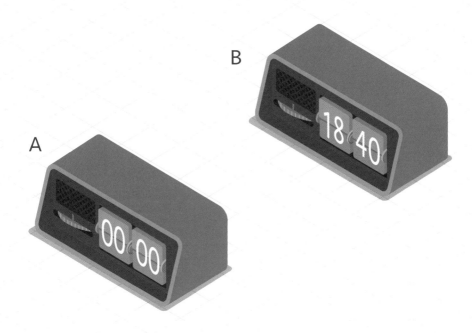

11 난이도 ★★

다음 격자판에서 물음표에 들어갈 알맞은 숫자는 얼마일까?

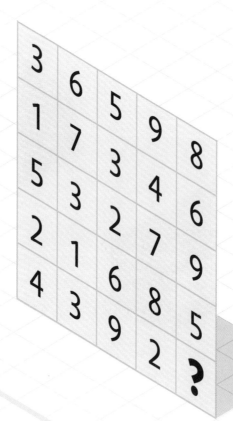

다음은 알파벳 중 몇몇 글자가 사라진 상태이다. 사라진 글자를 모두 사용해서 만들 수 있는 단어는 무엇일까?

(단, 사라진 글자는 여러 번 사용할 수 있다.)

B D F G J K L N O
P Q R U V W X Y Z

13

난이도 ★★

두 자동차가 같은 위치에서 출발하여 같은 경로로 이동하였다. 10분 전에 출발한 첫 번째 자동차의 속력은 시속 55킬로미터, 두 번째 자동차의 속력은 시속 60킬로미터이다. 두 자동차가 만날 때까지 이동한 거리는 몇 킬로미터일까?

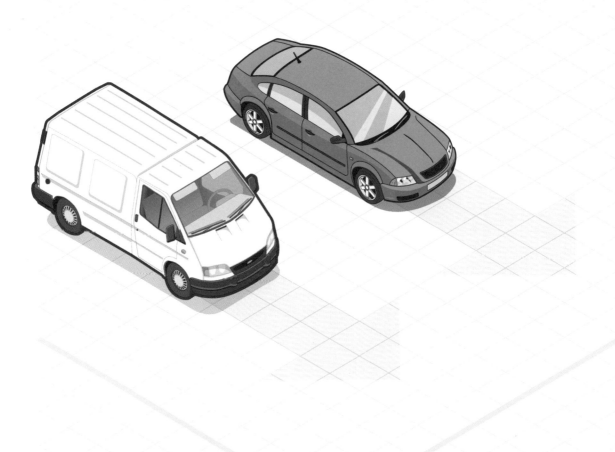

14

난이도 ★

DL=8, MZ=13, AK=10일 때, NR의 값은 얼마일까?

난이도 ★★

다음 물음표에 들어갈 알맞은 숫자는 무엇일까?

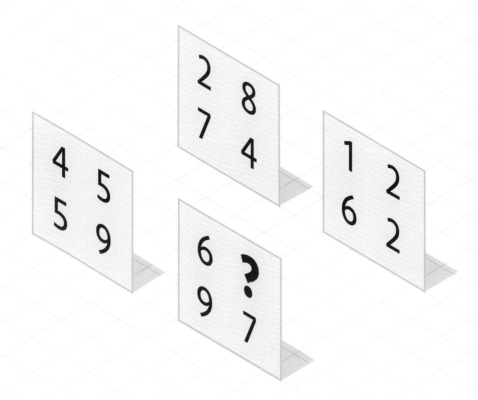

16

A+M=7, E−W=0, N−V=1일 때, H+Z의 값은 얼마일까?

17

일반 계산기로 주어진 순서에 따라 계산하려고 한다. 각 물음표에 +, −, ×, ÷ 기호를 한 번씩만 사용하여 5가 나오는 경우는 모두 몇 가지일까?

$$2 \; ? \; 3 \; ? \; 9 \; ? \; 5 \; ? \; 8 = 5$$

18

난이도 ★★☆

비행기가 목적지로 비행할 때의 속력은 시속 555마일이고, 다시 돌아올 때의 속력은 시속 370마일일 때, 평균 속력은 얼마일까?

정답 167쪽

19

난이도 ★★★

CSF=16, TAQ=4, ZOL=29, HWM=18일 때, NER의 값은 얼마일까?

20

난이도 ★

두 자동차가 같은 위치, 같은 시간에 출발하여 동일한 경로로 이동하였다. 첫 번째 자동차는 시속 50마일, 두 번째 자동차는 시속 40마일로 이동할 때, 첫 번째 자동차가 90마일을 이동한 뒤에 멈추었다면, 이때부터 두 번째 자동차가 따라잡는 데까지는 몇 분이 걸릴까?

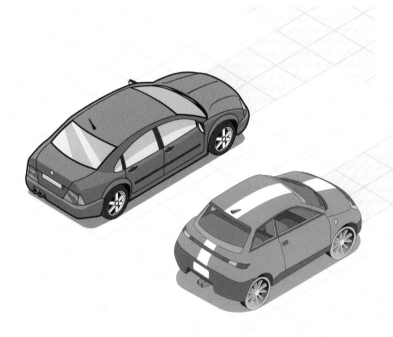

21

난이도 ★★

버스가 시속 50마일의 속력으로 60마일을 이동하였다. 출발할 때 연료가 8갤런 있었지만 이동 중에 연료가 새어나가 현재는 연료가 바닥이 났다. 버스가 1갤런 당 25마일을 이동한다고 할 때, 시간당 새어나간 연료의 양은 얼마일까?

22 난이도 ★★

다음 중 3개의 숫자를 골라 더한 값이 22가 되도록 하는 방법은 모두 몇 가지일까?

(단, 각 숫자는 원하는 횟수만큼 선택할 수 있다.)

$$2 \quad 4 \quad 6 \quad 8 \quad 10 \quad 12 \quad 14$$

 논리 수학 능력 업그레이드!

세계적인 교육 이론의 대가 하워드 가드너는 인간의 지능을 여덟 분야로 나눈 '다중지능이론'을 발표하며, 그 중 한 가지로 논리 수학 지능을 언급하였다. 멘사 수학 퍼즐 문제는 이 논리 수학적 지능을 키우는 데 도움을 준다. 논리 수학적 지능은 논리적 문제나 방정식을 풀어 가는 정신적 과정에 관한 능력으로, 이 지능이 높은 사람은 논리적 과정에 대한 문제들을 보통 사람들보다 훨씬 빠른 속도로 해결하는 능력을 갖고 있다. 추론을 잘 이끌어 내며, 문제를 접근할 때에도 체계적이고 논리적이며 분석적으로 접근한다. 논리 수학적 지능이 높은 사람들은 대체로 다양한 퍼즐 게임을 즐기고, 수를 가지고 놀기를 좋아하며, 사물의 작동과 운동 원리에 관심이 많다. 또한 '만일 ~ 라면'이라는 식의 논리에도 관심이 많다.

23

난이도 ★

소방차가 시속 40마일로 9마일을 이동하였다. 소방차 탱크에 물이 500갤런 들어 있었지만, 이동 중에 시간당 20갤런이 새어나갔다. 소방차가 불을 끄려면 496갤런의 물이 필요할 때, 불을 끌 수 있을까?

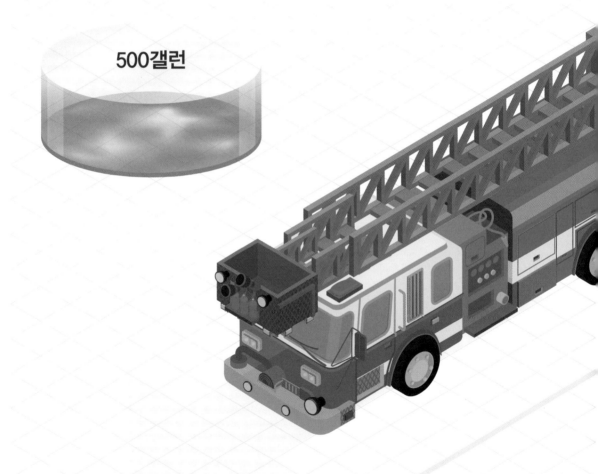

500갤런

24

난이도 ★★

이 수열에서 물음표에 들어갈 알맞은 숫자는 무엇일까?

$$3 \quad 8 \quad 35 \quad 48 \quad 99 \quad ?$$

난이도 ★

인접한 2개의 사각형에 적힌 숫자의 합이 바로 위에 있는 사각형의 숫자가
될 때, 다음 물음표에 들어갈 알맞은 숫자는 무엇일까?

26

난이도 ★

우주선이 지구를 출발할 때는 속력이 시속 735마일이고, 돌아올 때는 같은 거리를 시속 980마일로 이동할 때, 우주선의 평균 속력은 얼마일까?

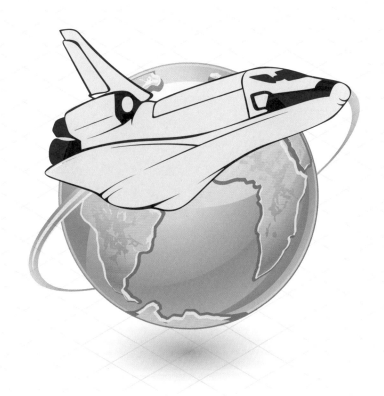

27

난이도 ★ ☆ ☆

종이를 재활용하는 공장에서 새 종이 1장을 만들기 위해서는 헌 종이 6장이 필요하다. 헌 종이가 2,331장이 있을 때, 최대로 만들 수 있는 종이는 몇 장일까?

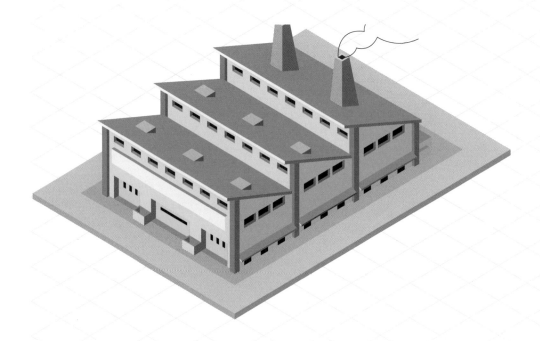

28

난이도 ★★☆

길이가 220야드인 기차가 길이가 3마일인 터널을 시속 30마일로 이동한다. 기차의 맨 앞부분이 터널에 들어갈 때부터 기차의 맨 끝부분이 터널을 완전히 빠져나올 때까지 걸리는 시간은 얼마일까?

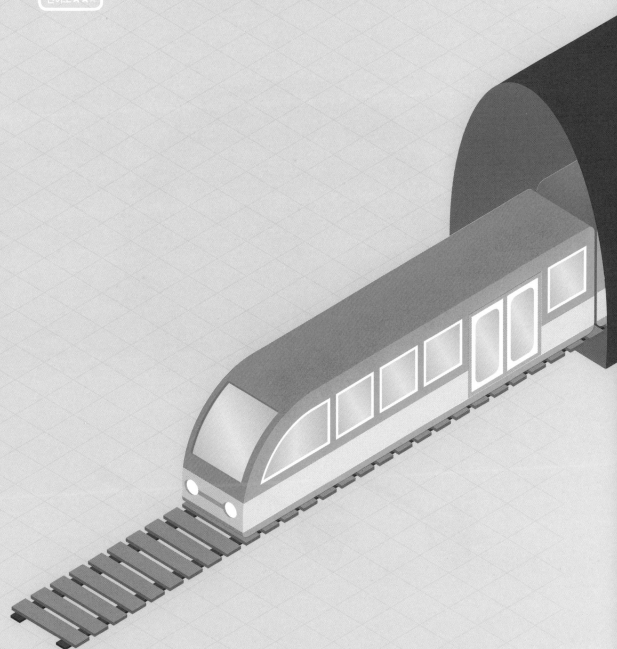

난이도 ★

3개의 다트를 한 번에 던져서 70점을 얻는 경우의 수는 얼마일까?
(단, 다트를 던지면 항상 점수를 얻는다.)

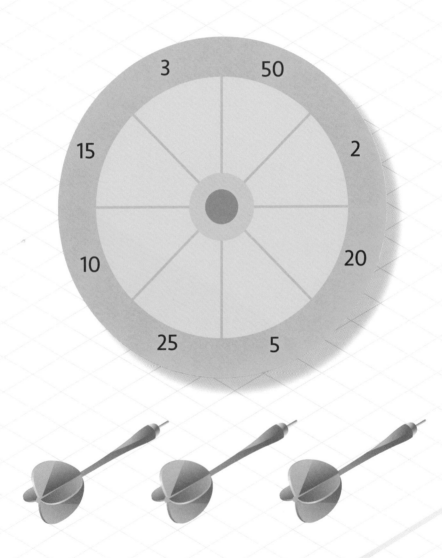

30

난이도 ★★★

동전 한 무더기가 모두 18.08파운드이다. 서로 다른 4단위의 동전으로 이루어져 있고, 그 중 액면가가 가장 큰 동전은 1파운드이다. 각 단위의 동전마다 개수가 같을 때, 각 동전의 단위와 그 개수는 얼마일까?

(단, 가능한 동전은 다음과 같다. 1페니, 2펜스, 5펜스, 10펜스, 20펜스, 50펜스, 1파운드, 100펜스=1파운드)

31

난이도 ★

자동차가 시속 30마일로 40마일을 달렸다. 출발할 때 10갤런이던 연료가 이동 중에 새어나가 지금은 연료가 다 바닥났다. 자동차가 1갤런당 30마일을 달린다고 할 때, 시간당 새어나간 연료의 양은 얼마일까?

32

난이도 ★★

길이가 550야드인 기차가 시속 90마일로 길이가 2마일인 터널을 통과하였다. 기차의 맨 앞부분이 터널에 들어갈 때부터 기차의 맨 끝부분이 터널을 완전히 빠져나올 때까지 걸린 시간은 몇 초일까?

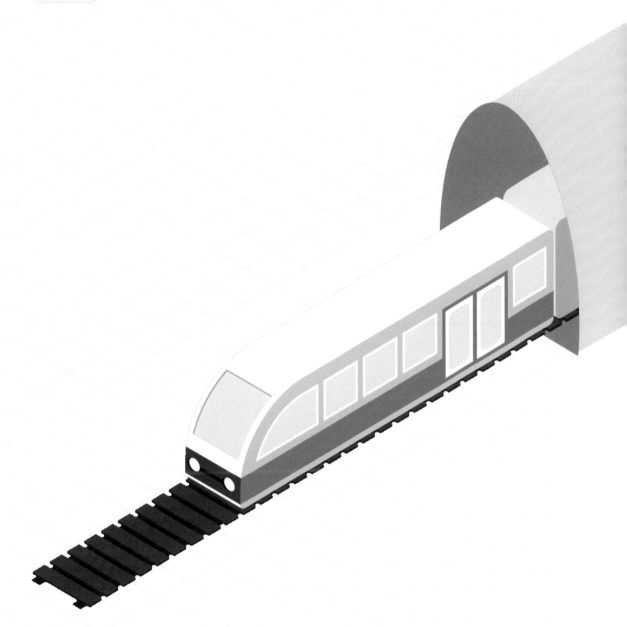

33

다음 수열에서 물음표에 들어갈 알맞은 숫자는 무엇일까?

10 30 70 130 210 **?**

46 | 정답 168쪽

34

난이도 ★★

배가 파도를 가르며 항해하고 있다. 이 배는 일정한 조건에서 매 시간당 8갤런의 연료로 시속 22마일로 이동한다. 항구까지 남은 거리가 39마일이고, 조류는 배와 반대 방향으로 시속 7마일로 흐르고 있다. 만약 남은 연료의 양이 21갤런이라면 배는 항구에 안전하게 도착할 수 있을까?

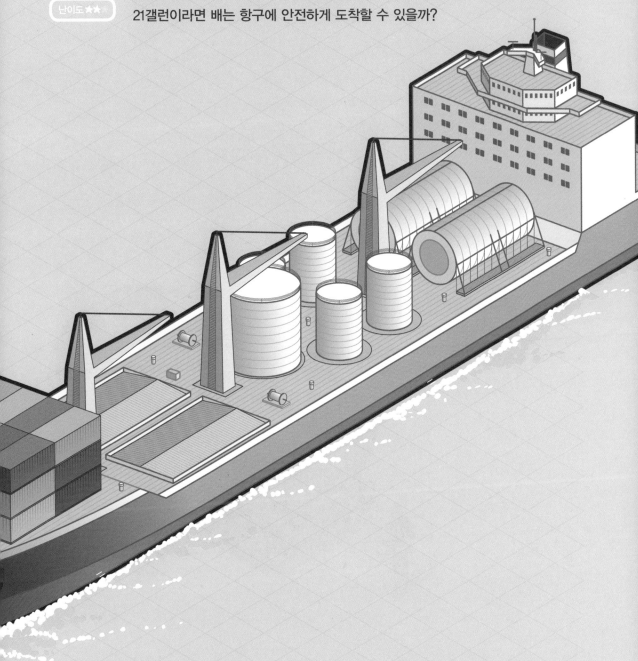

35

난이도 ★★

소방차가 시속 42마일로 7마일 떨어진 화재 현장에 달려갔다. 소방차 탱크에 물이 500갤런 들어 있었지만, 이동 중에 시간당 22.5갤런씩 새어나갔다. 불을 끄는 데 495갤런의 물을 사용했을 때, 남은 물의 양은 얼마일까?

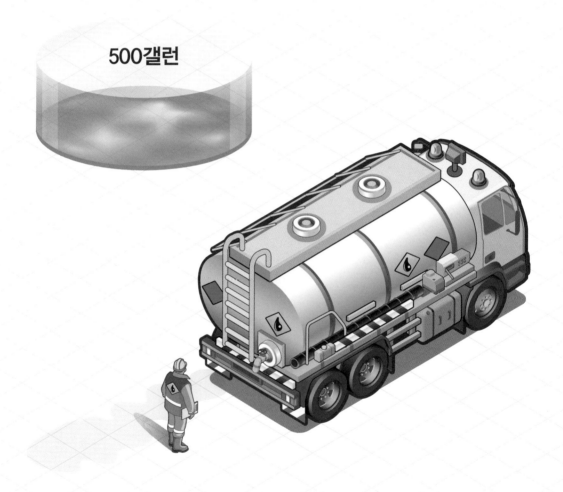

500갤런

난이도 ★

다음 수열에서 물음표에 들어갈 알맞은 숫자는 무엇일까?

5 6 11 17 28 45 ? 118

37 난이도 ★★

다음 정사각형의 가로, 세로, 대각선 방향 각각에 BEACH의 각 문자를 한 번씩만 사용하여 정사각형의 빈 칸을 완성하려고 한다. 이때 물음표에 들어갈 알맞은 문자는 무엇일까?

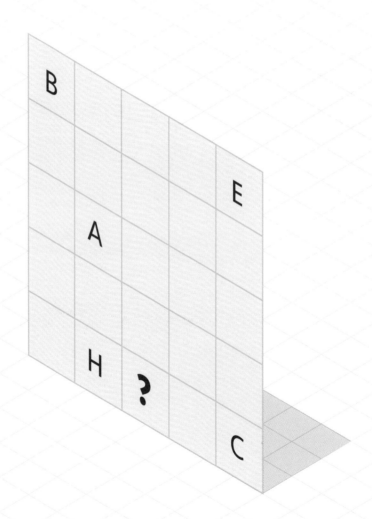

5일 간의 휴일 하이킹을 하는 단체가 첫째 날은 전체 거리의 $\frac{2}{5}$를 이동하였다. 둘째 날은 남은 거리의 $\frac{1}{4}$을 이동하였다. 셋째 날은 남은 거리의 $\frac{2}{5}$를, 넷째 날은 남은 거리의 절반을 이동하였을 때, 현재 남은 거리는 15마일이다. 지금까지 이동한 거리는 모두 얼마일까?

39

난이도 ★

사이클 선수가 144마일의 사이클 대회 자선행사에 참가하였다. 첫째 날은 전체 거리의 $\frac{1}{3}$을 달렸고, 둘째 날은 남은 거리의 $\frac{1}{3}$을 달렸다. 셋째 날은 남은 거리의 $\frac{1}{4}$을 달렸고, 넷째 날은 남은 거리의 절반을 달렸을 때, 다섯째 날에 완주하려면 몇 마일을 달려야 할까?

이 수열에서 물음표에 들어갈 알맞은 숫자는 무엇일까?

난이도 ★

$$1944 \quad 648 \quad 108 \quad 12 \quad ?$$

아름다운 숫자 피라미드 1

고대 이집트 사람들은 수의 불가사의한 아름다움에 매료되어 여러 가지 방법으로 수를 더하고 곱하여 보았다. 그래서 다음과 같은 아름답고 신기한 숫자 피라미드를 만들어냈다.

홀수의 합은 제곱수

$$1 = 1^2$$
$$1+3 = 2^2$$
$$1+3+5 = 3^2$$
$$1+3+5+7 = 4^2$$
$$1+3+5+7+9 = 5^2$$
$$1+3+5+7+9+11 = 6^2$$
$$1+3+5+7+9+11+13 = 7^2$$
$$1+3+5+7+9+11+13+15 = 8^2$$
$$1+3+5+7+9+11+13+15+17 = 9^2$$
$$1+3+5+7+9+\ldots\ldots\ldots+(2n-1) = n^2$$

이웃한 삼각수의 합은 사각수

$$1 \qquad\qquad =1^2$$
$$1+2+1 \qquad\qquad =2^2$$
$$1+2+3+2+1 \qquad\qquad =3^2$$
$$1+2+3+4+3+2+1 \qquad\qquad =4^2$$
$$1+2+3+4+5+4+3+2+1 \qquad\qquad =5^2$$
$$1+2+3+4+5+6+5+4+3+2+1 \qquad\qquad =6^2$$
$$1+2+3+4+5+6+7+6+5+4+3+2+1 \qquad\qquad =7^2$$
$$1+2+3+4+5+6+7+8+7+6+5+4+3+2+1 \qquad\qquad =8^2$$
$$1+2+3+4+5+6+7+8+9+8+7+6+5+4+3+2+1 \qquad\qquad =9^2$$
$$\ldots\ldots\ldots\ldots\ldots$$
$$1+2+3+4+\ldots\ldots\ldots+(n-1)+n+(n-1)+\ldots\ldots\ldots+2+1 \quad =n^2$$

41

난이도 ★

인접한 2개의 사각형에 적힌 숫자의 합이 바로 위에 있는 사각형의 숫자가 될 때, 다음 물음표에 들어갈 알맞은 숫자는 무엇일까?

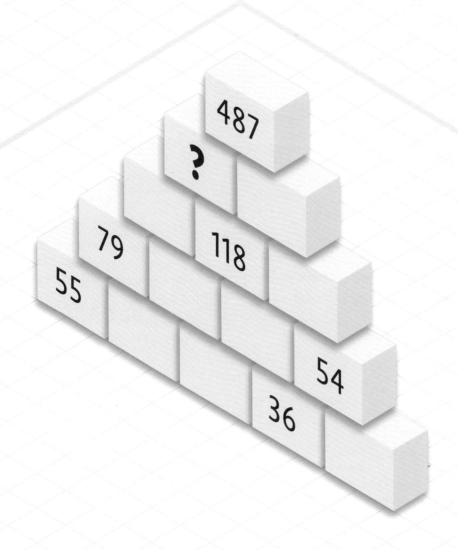

종이 접시를 재활용하는 공장이 있다. 사용한 접시 9개로 새로운 접시 1개를 만들 수 있을 때, 사용한 접시 1,481개로 만들 수 있는 새로운 접시는 최대 몇 개일까?

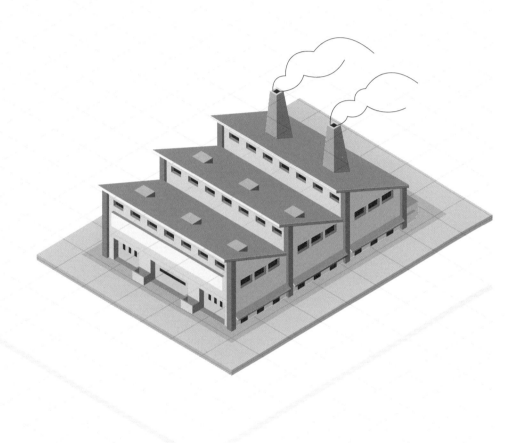

43

난이도 ★

다음 두 물음표에 들어갈 알맞은 숫자는 무엇일까?

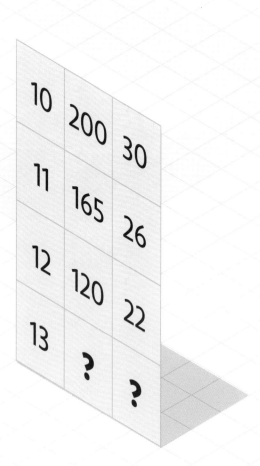

44 난이도 ★★

다음 물음표에 들어갈 화살표의 방향은 무엇일까?

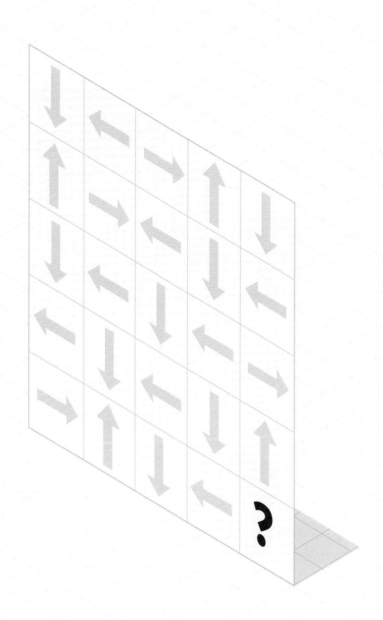

45

난이도★★★

다음 물음표에 들어갈 화살표의 방향은 무엇일까?

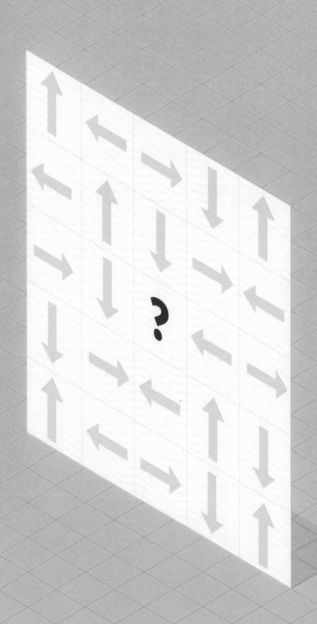

난이도★

이 수열에서 물음표에 들어갈 알맞은 숫자는 무엇일까?

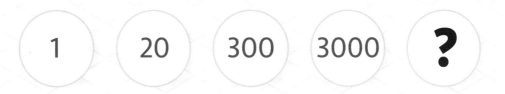

47

난이도 ★★★

다음 이정표에는 각 지역까지의 거리가 적혀 있다. 터키(TURKEY)까지는 몇 마일일까?

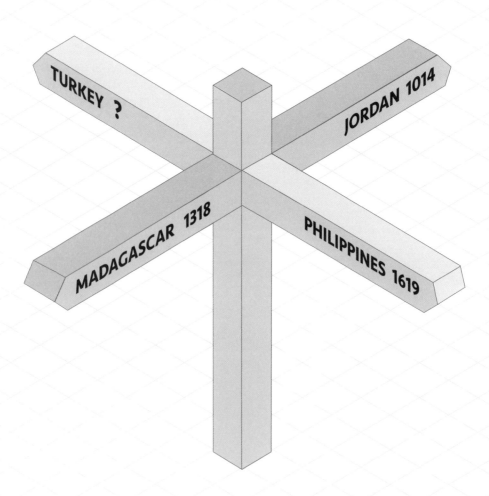

난이도 ★★★

다음 정사각형의 가로, 세로, 대각선 방향으로 길의 경로에 1부터 5까지의 숫자 중 같은 숫자는 한 번씩만 나오도록 할 때, 물음표에 들어갈 알맞은 숫자는 무엇일까?

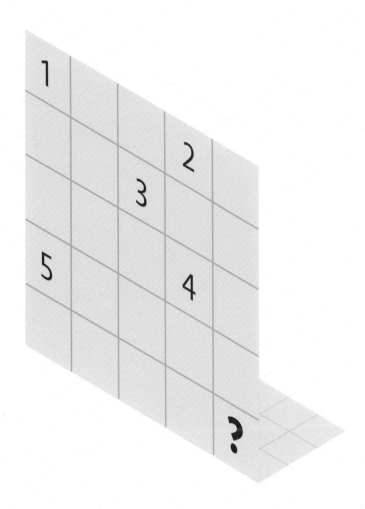

49

이 수열에서 물음표에 들어갈 알맞은 숫자는 무엇일까?

(10) (12) (16) (22) (30) (**?**)

 아름다운 숫자 피라미드 2

숫자 피라미드는 문제와 답이 정해져 있는 것이 아니다. 규칙을 찾아 나만의 아름답고 신기한 숫자 피라미드를 만들어보자.

$$1^2 = 1$$
$$11^2 = 121$$
$$111^2 = 12321$$
$$1111^2 = 1234321$$
$$11111^2 = 123454321$$
$$111111^2 = 12345654321$$
$$1111111^2 = 1234567654321$$
$$11111111^2 = 123456787654321$$
$$111111111^2 = 12345678987654321$$

$$0 \times 9 + 1 = 1$$
$$1 \times 9 + 2 = 11$$
$$12 \times 9 + 3 = 111$$
$$123 \times 9 + 4 = 1111$$
$$1234 \times 9 + 5 = 11111$$
$$12345 \times 9 + 6 = 111111$$
$$123456 \times 9 + 7 = 1111111$$
$$1234567 \times 9 + 8 = 11111111$$
$$12345678 \times 9 + 9 = 111111111$$
$$123456789 \times 9 + 10 = 1111111111$$

다음 그림에서 네 번째 세로줄에 있는 물음표의 값은 얼마일까?

난이도 ★★

47   36   19   ?

51

난이도 ★★★

두 대의 자동차 A, B가 같은 시간에 같은 지점을 출발하여 115마일 거리를 여행하려고 한다. 자동차 A는 시속 48마일로, 자동차 B는 시속 40마일로 이동한다고 할 때, 두 자동차의 도착 시간은 얼마나 차이가 날까?

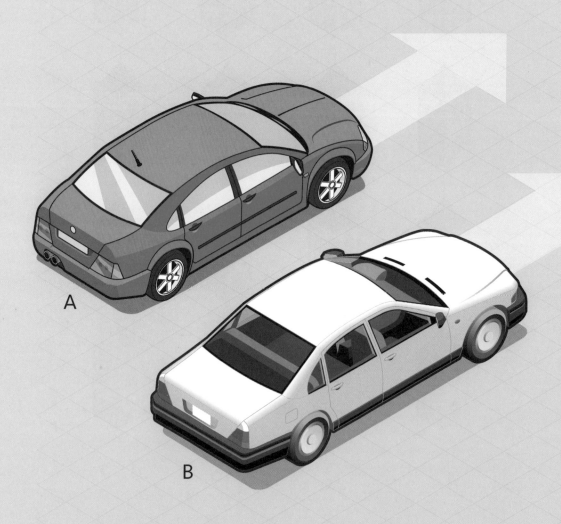

A

B

52 난이도 ★

다음 물음표에 들어갈 알맞은 숫자는 무엇일까?

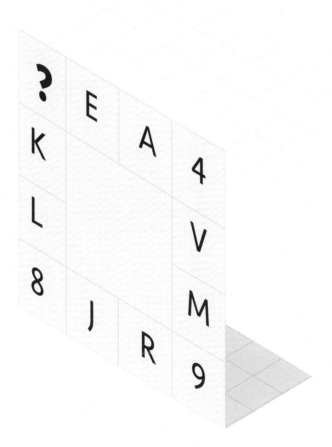

53

난이도 ★

다음 물음표에 들어갈 알맞은 문자는 무엇일까?

DLH   PUE   BTR   KYN   MWJ   E**?**A

54

난이도 ★★

음식 진열대에 7종류의 음식이 있다. 페이스트리는 피클과 커리 사이에 있고, 샐러드는 사모사 옆에 있다. 햄과 커리 사이에는 2종류의 음식이 있고, 햄은 피클과 치즈 사이에 있다. 페이스트리는 정중앙에 놓여 있고, 샐러드는 진열대 맨 가장자리에 놓여 있다. 7종류의 음식이 놓인 순서는 어떻게 될까?

인접한 2개의 사각형에 적힌 숫자의 합이 바로 위에 있는 사각형의 숫자가 될 때, 다음 물음표에 들어갈 알맞은 숫자는 무엇일까?

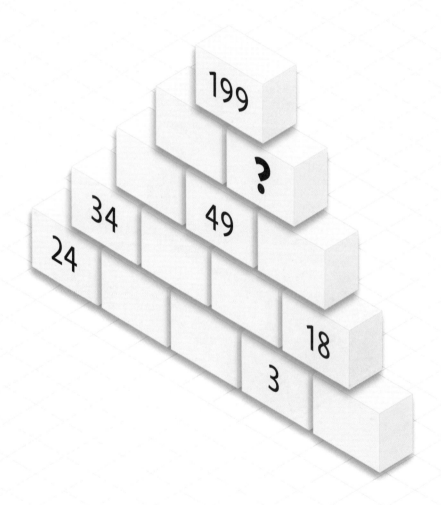

56

다음 중 규칙에 맞지 않는 숫자는 어느 것일까?

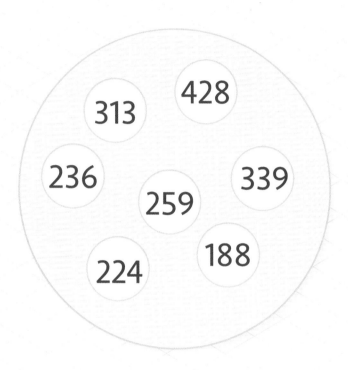

다음 물음표에 들어갈 알맞은 숫자는 무엇일까?

난이도 ★

(2) (12) (30) (56) (**?**) (132)

58

난이도 ★★

4시간을 운행한 버스가 그 중 처음 1시간은 전체 거리의 $\frac{1}{3}$을 달렸고, 그 다음 1시간은 남은 거리의 $\frac{1}{3}$을 달렸다. 그 다음 1시간은 남은 거리의 $\frac{1}{4}$을 달렸고, 그 다음 1시간은 남은 거리의 $\frac{1}{2}$을 달렸다. 목적지까지 남은 거리가 25마일일 때, 4시간 동안 운행한 거리는 얼마일까?

다음 물음표에 들어갈 화살표의 방향은 무엇일까?

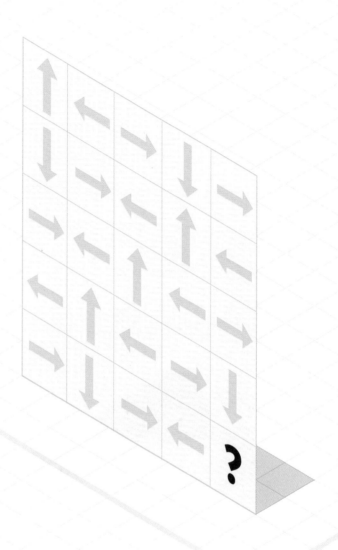

60

컵을 재활용하는 공장이 있다. 사용한 컵 8개로 새로운 컵 1개를 만들 수 있을 때, 사용한 컵 736개로 만들 수 있는 새로운 컵은 최대 몇 개일까?

일반 계산기로 주어진 순서에 따라 계산하려고 한다. 각 물음표에 +, −, ×, ÷ 기호를 한 번씩만 사용하여 3이 나오게 하려면 어떤 순서로 넣어야 할까?

난이도 ★★

$$4 \; ? \; 5 \; ? \; 9 \; ? \; 8 \; ? \; 7 = 3$$

62

난이도 ★

다음 물음표에 들어갈 알맞은 숫자는 무엇일까?

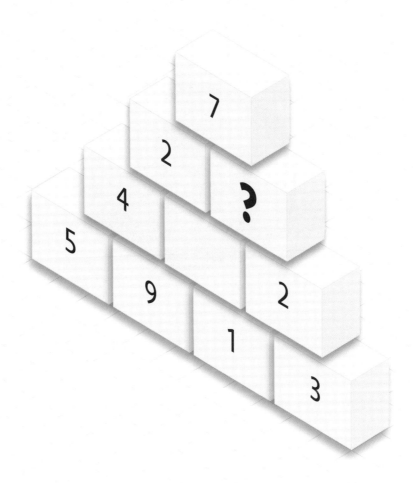

63

난이도 ★

한 사람이 차례대로 남쪽으로 4마일, 동쪽으로 3마일, 북쪽으로 1마일, 서쪽으로 1마일을 걸어간 뒤 다시 북쪽으로 3마일을 걸어갔다. 처음 출발점으로 다시 돌아오려면 어느 방향으로 얼마나 걸어가야 할까?

64

난이도 ★★☆

다음 그림에서 네 번째 세로줄에 있는 물음표의 값은 얼마일까?

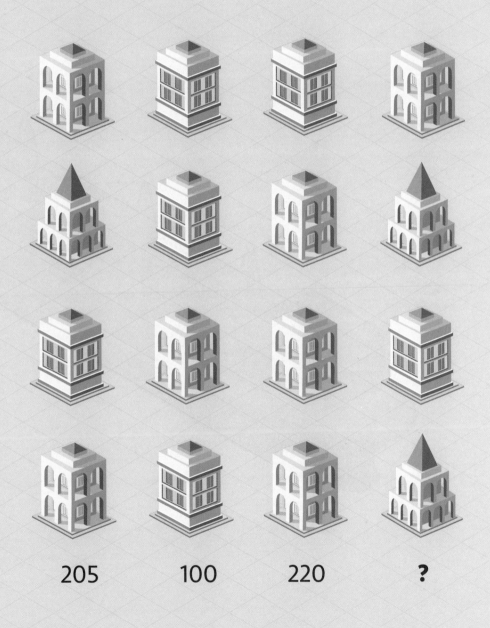

205   100   220   ?

65

난이도 ★★

배가 거친 파도를 가르며 항해하고 있다. 일정한 조건에서 매 시간당 8갤런의 연료로 시속 16마일로 이동한다. 목적지까지 84마일이 남아 있고, 파도는 배와 반대 방향으로 시속 7마일로 치고 있다. 현재 배에 남아 있는 연료는 75갤런이다. 배가 목적지에 도착했을 때 남은 연료의 양은 얼마일까?

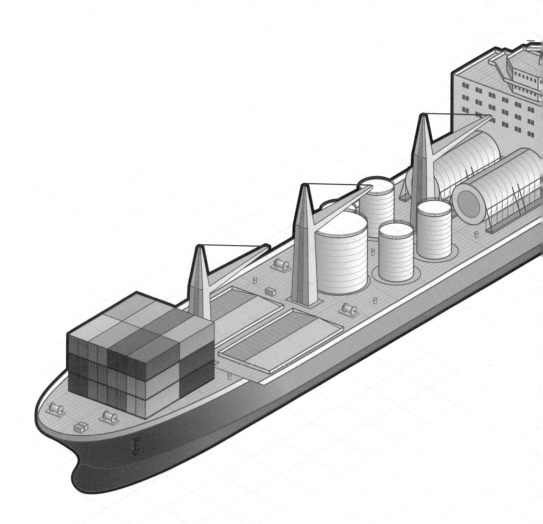

다음 두 물음표에 들어갈 알맞은 숫자는 무엇일까?

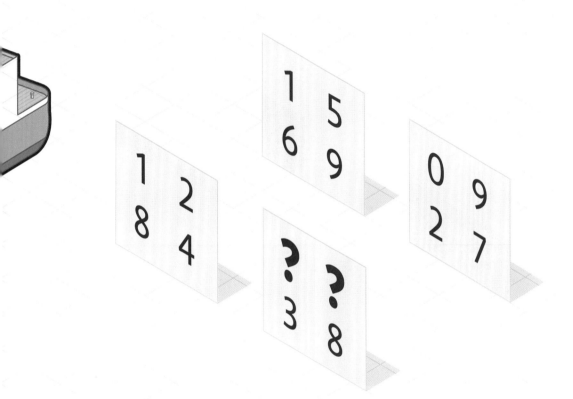

시계 A는 자정에는 시간이 정확했지만 그 이후로 시간당 3.5분씩 느려졌다. 시계 A가 1시간 전에 멈춘 시각이 시계 B와 같을 때, 현재는 몇 시일까?
(단, 시계가 움직인 시간은 24시간 이내이다.)

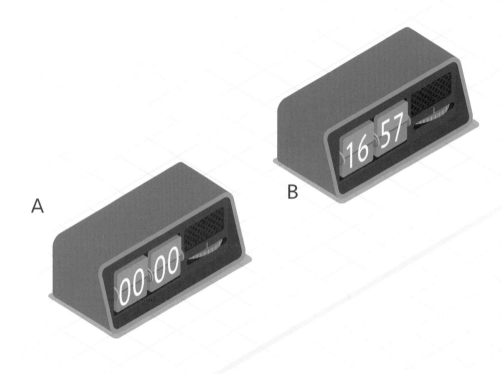

A

B

다음 물음표에 들어갈 알맞은 숫자는 무엇일까?

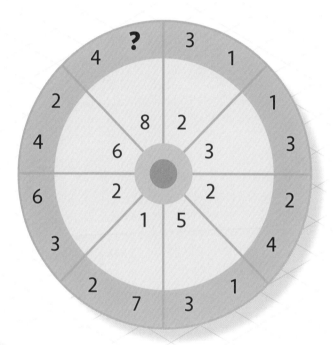

69

난이도 ★

다음 두 물음표에 들어갈 알맞은 숫자는 무엇일까?

사이클 선수가 한 도시에서 다른 도시로 이동하고 있다. 첫째 날은 전체 거리의 $\frac{1}{4}$을 이동하였고, 둘째 날은 남은 거리의 $\frac{1}{3}$을 이동하였다. 셋째 날은 남은 거리의 $\frac{1}{4}$을 이동하였고, 넷째 날은 남은 거리의 $\frac{1}{2}$을 이동하였다. 남은 거리가 25마일일 때, 사이클 선수가 지금까지 이동한 거리는 얼마일까?

71

난이도 ★★

길이가 440야드인 전차가 시속 40마일로 운행하면서 길이가 1.5마일인 터널을 통과하였다. 전차의 맨 앞부분이 터널에 들어간 순간부터 전차의 맨 끝부분이 터널을 빠져나올 때까지 걸린 시간은 얼마일까?

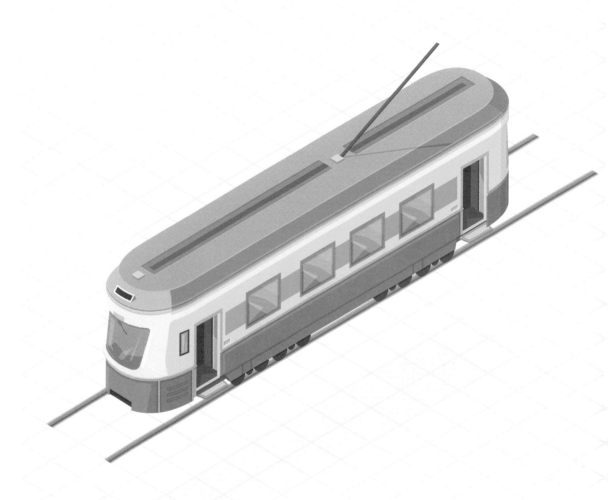

72

직장인 중 헬스장을 선택한 인원은 수영을 선택한 인원의 3배이다. 또한 수영보다 걷기를 선택한 사람이 6명 더 많고, 걷는 것보다 조깅을 선택한 사람이 3명 더 적다. 제일 좋아하는 운동으로 조깅을 선택한 사람이 7명일 때, 다른 운동을 선택한 사람들은 각각 몇 명일까?

난이도 ★

다음 그림에서 네 번째 가로줄에 있는 물음표의 값은 얼마일까?

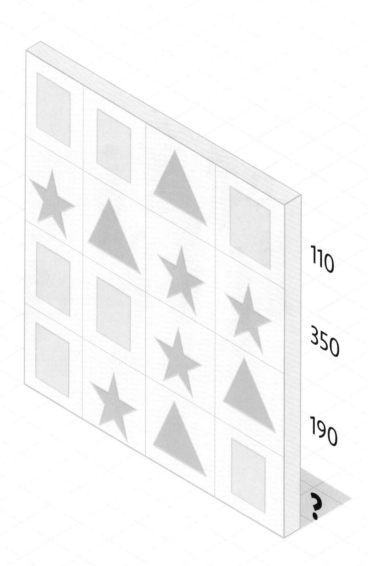

74

난이도 ★★★

현금 계산대에 15.48파운드가 들어 있다. 서로 다른 4단위의 동전으로 이루어져 있고, 그 중 액면가가 가장 큰 동전은 1파운드이다. 각 단위의 동전마다 개수가 같을 때, 각 동전의 단위와 그 개수는 얼마일까?

(단, 가능한 동전은 다음과 같다. 1페니, 2펜스, 5펜스, 10펜스, 20펜스, 50펜스, 1파운드, 100펜스=1파운드)

소방차가 시속 30마일로 5마일을 달려 화재 현장에 출동하였다. 소방차 탱크에 물이 500갤런 들어 있었지만, 이동 중에 시간당 22.5갤런씩 새어나갔다. 불을 끄는 데 쓸 수 있는 물의 양은 얼마일까?

 길이와 부피

길이

단위	cm	m	in	ft	yd	mile
1cm	1	0.01	0.3937	0.0328	0.0109	-
1m	100	1	39.37	3.2808	1.0936	0.0006
1in	2.54	0.0254	1	0.0833	0.0278	-
1ft	30.48	0.3048	12	1	0.3333	0.00019
1yd	91.438	0.9144	36	3	1	0.0006
1mile	160930	1609.3	63360	5280	1760	1

부피

단위	cm³	m³	ℓ	in³	ft³	gal(미)
1cm³	1	0.000001	0.001	0.06102	0.00003	0.00026
1m³	1000000	1	1000	61027	35.3165	264.186
1ℓ	1000	0.001	1	61.027	0.03531	0.26418
1in³	16.387	0.000016	0.01638	1	0.00057	0.00432
1ft³	28316.8	0.02831	28.3169	1728	1	7.48051
1gal(미)	3785.43	0.00378	3.78543	231	0.16368	

특이한 금고가 하나 있다. 중앙의 X에 도착하여 금고를 열려면 각 버튼을 정확한 순서대로 단 한 번씩만 눌러야 한다. 각 버튼에는 이동 횟수와 이동 방향이 표시되어 있다. 처음 눌러야 하는 버튼은 어느 것일까?

3E	3E	4S	1W	2S
2S	1S	2S	1W	3W
1N	1W	X	2S	1N
4E	1S	1W	1N	1S
4N	4N	2N	3N	4W

77 다음과 같은 다트 판에 3개의 다트를 던져서 25점이 나오는 경우는 모두 몇 가지일까?

난이도 ★

(단, 모든 다트는 다트 판에 꽂히고, 떨어지지 않는다.)

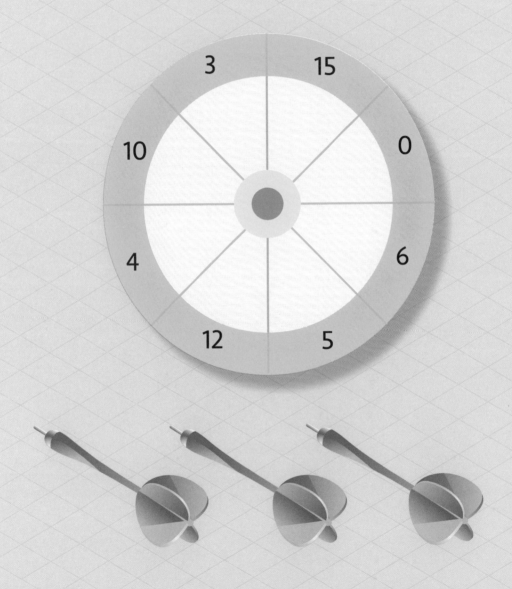

난이도 ★★

다음 그림에서 네 번째 세로줄에 있는 물음표의 값은 얼마일까?

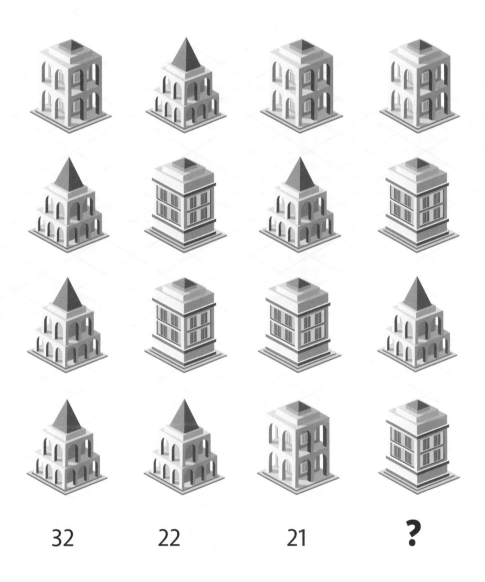

32   22   21   **?**

난이도 ★

다음 물음표에 들어갈 알맞은 숫자는 무엇일까?

8	28
12	42
2	7
18	63
10	?

80

난이도 ★★

자동차가 시속 50마일로 30마일을 이동하였다. 처음에 있던 8갤런의 연료가 이동 중에 새어나가 바닥이 났다. 이 자동차는 1갤런으로 25마일을 이동할 수 있다. 시간당 새어나간 연료의 양은 얼마일까?

81

난이도 ★

한 아마추어 축구팀이 처음에 치른 15개의 시합에서 평균 득점은 3골이었다. 추가로 30번의 시합을 치른 후에는 평균 득점이 5골이 되었다. 추가로 치른 30번의 시합에서의 평균 골 득점은 얼마였을까?

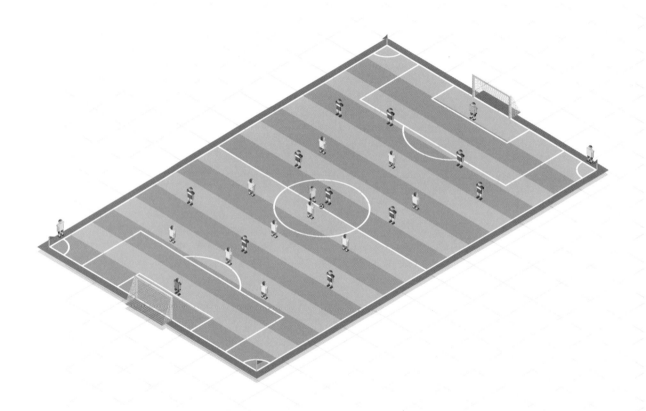

82

난이도 ★

다음 중 3개의 숫자를 더하여 14가 되는 방법은 모두 몇 가지일까?

(단, 각 숫자는 여러 번 사용할 수 있다.)

2 4 6 8 10

 수 규칙성 하나 더!

12123212343212345432⋯⋯⋯의 규칙에서 25번째에 올 숫자를 구하시오.

정답 : 5   12123212343212345432123456654321⋯⋯⋯이 규칙이다.

83

난이도 ★★

버스와 승용차가 같은 지점에서 출발하여 같은 경로로 이동하였다. 버스는 승용차보다 9분 먼저 출발하였다. 버스가 시속 50킬로미터, 승용차는 시속 80킬로미터로 이동하였을 때, 두 자동차는 출발점에서 몇 킬로미터 떨어진 곳에서 만나게 될까?

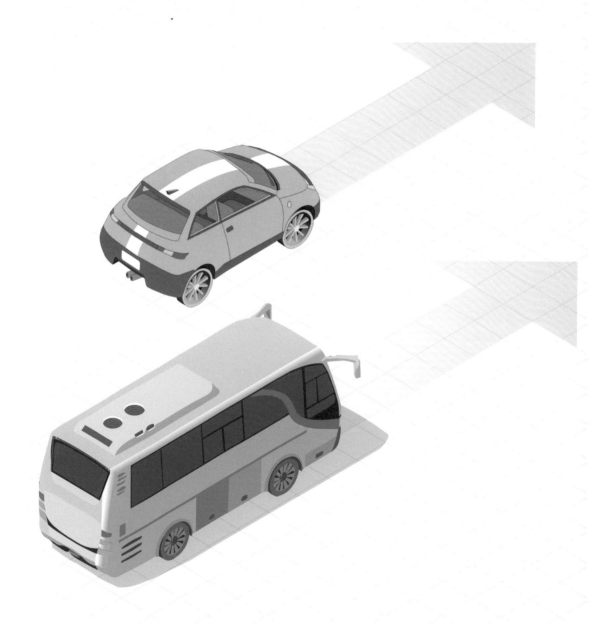

84

어떤 달에 일요일이 5번 있고, 첫 번째 토요일이 7일이다.

30일은 무슨 요일일까?

세 번째 목요일은 며칠일까?

금요일은 몇 번 있을까?

11일은 무슨 요일일까?

 피보나치 수열

이탈리아의 수학자 피보나치(1170~1250)는 1202년 야생 토끼의 번식과 관련해 규칙을 발견했다.

"갓 태어난 토끼 암수 한 쌍은 2개월 후부터 매달 암수 한 쌍의 새끼 토끼를 낳는다. 새로 태어난 토끼도 마찬가지다. 암수 토끼 한 쌍이 죽지 않고 계속 번식한다면, 1년 뒤에는 모두 몇 쌍의 토끼가 있을까?"

이 문제를 표로 정리하면 다음과 같다.

즉 0, 1, 1, 2, 3, 5, 8, 13, 21, 34, 55 …… 의 형태의 수열이다. 즉 첫 번째 항의 값이 0이고 두 번째 항의 값이 1일 때 이후의 항들은 이전의 두 항을 더한 값으로 만들어지는 수열을 말한다. 앞의 두 항의 수의 합이 그 다음 항인 수열을 가리킨다.

월	태어난 쌍	전체 쌍
지금	0	1
1개월 후	0	1
2개월 후	1	2
3개월 후	1	3
4개월 후	2	5
5개월 후	3	8
6개월 후	5	13
7개월 후	8	21
…	…	…

피보나치 수열의 공식은 다음과 같다.

$f_n = f_{n-1} + f_{n-2}$ (단, $f_0=0$, $f_1=1$, n=1, 2, 3, 4……)

이 공식의 가장 큰 특징은 앞뒤 두 항의 비가 신의 비율이라는 황금비율인 약 0.618에 가까워진다는 것이다. 이것은 우리 생활 속에서 찾을 수 있는 자연의 비율이자 가장 아름다운 비율이다.

85

난이도 ★★

다음 물음표에 들어갈 알맞은 숫자는 무엇일까?

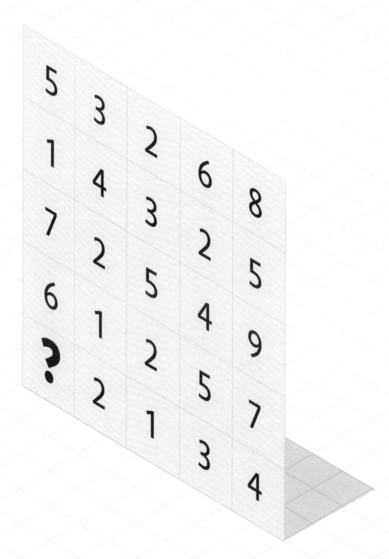

다음 주어진 숫자와 기호를 모두 사용하여 등호 양쪽의 값이 같도록 식을 만들어라.

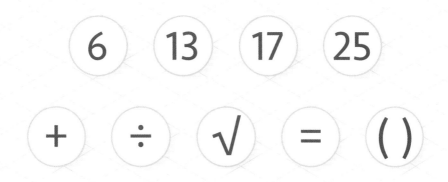

난이도 ★★

다음 물음표에 들어갈 알맞은 기호는 무엇일까?

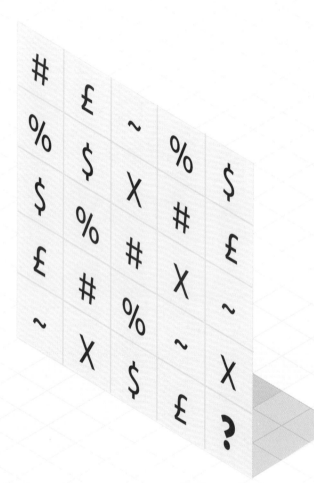

헬리콥터가 시속 250마일로 이동한 후 돌아올 때는 같은 거리를 시속 $\frac{500}{3}$ 마일로 이동한다. 전체 구간에서 헬리콥터의 평균 속도는 얼마일까?

89

난이도 ★

284561은 CHAPEL의 코드이고, 67539는 PEACH의 코드이며, 3867은 LEAP의 코드이다. 874는 어떤 단어의 코드일까?

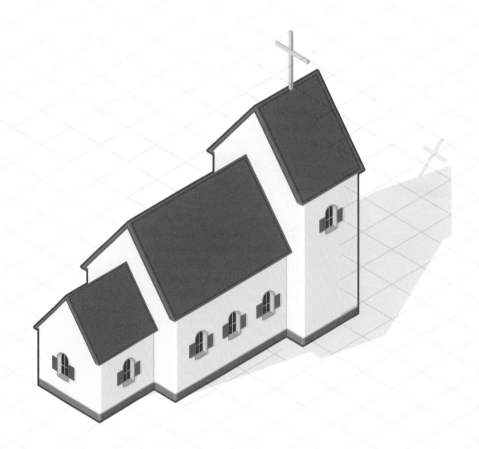

90

난이도 ★★☆

다음 이정표에는 각 지역까지의 거리가 적혀 있다. 고비사막(GOBI)까지는 몇 마일일까?

91

난이도 ★★

다음 그림에서 마지막 칸의 위와 아래의 물음표에 들어갈 이음표는 몇 개일까?

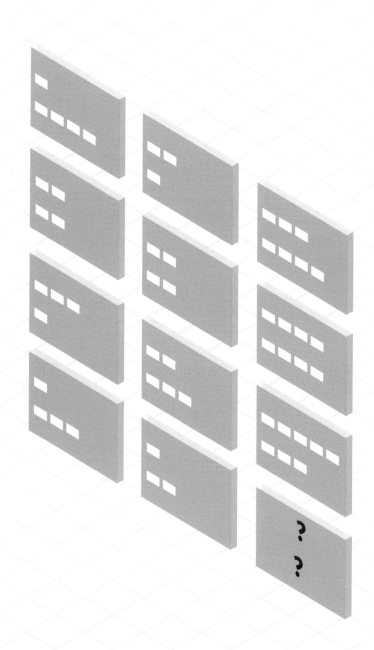

난이도 ★★

도보 여행자가 한 마을에서 다른 마을로 이동 중이다. 첫째 날은 전체 거리의 $\frac{2}{5}$를 걸었고, 둘째 날은 남은 거리의 $\frac{1}{3}$을 걸었다. 셋째 날은 남은 거리의 $\frac{1}{4}$을 걸었고, 넷째 날은 남은 거리의 $\frac{1}{2}$를 걸었을 때, 현재 남은 거리는 12마일이다. 도보 여행자가 지금까지 걸은 거리는 얼마일까?

93

다음 숫자는 TV를 통해 각 스포츠를 시청한 인원이다. 하키를 본 사람은 모두 몇 명일까?

Boxing	11
Golf	50
Angling	51
Skiing	2
Cricket	201
Athletics	151
Hockey	?

다음 물음표에 들어갈 알맞은 숫자는 무엇일까?

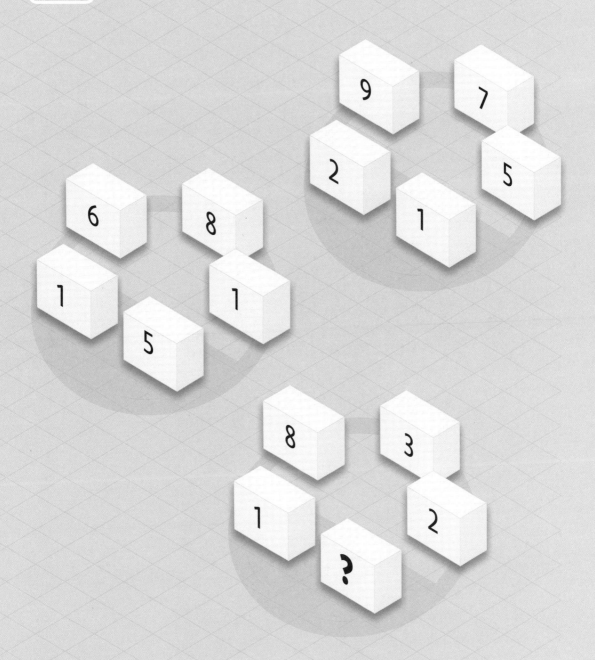

다음 물음표에 들어갈 알맞은 숫자는 무엇일까?

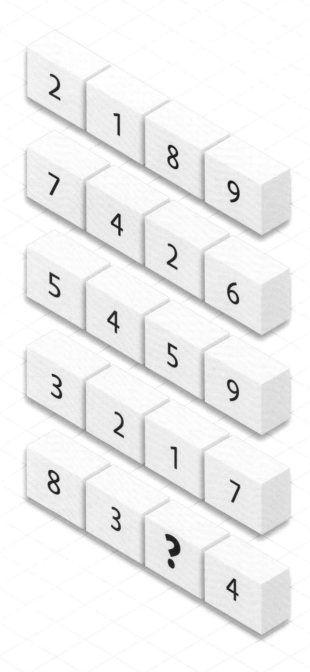

96

두 자동차 탱크로리와 밴이 같은 지점에서 출발하였다. 탱크로리는 밴보다 6분 전에 출발하였고, 탱크로리는 시속 60킬로미터, 밴은 시속 80킬로미터로 이동하였다. 두 자동차가 만나는 지점은 출발점으로부터 몇 킬로미터 떨어진 곳일까?

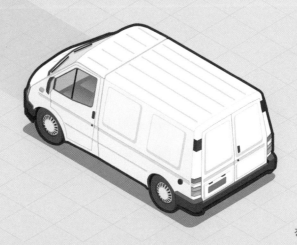

97

난이도 ★☆☆

인접한 2개의 사각형에 적힌 숫자의 합이 바로 위에 있는 사각형의 숫자가 될 때, 다음 물음표에 들어갈 알맞은 숫자는 무엇일까?

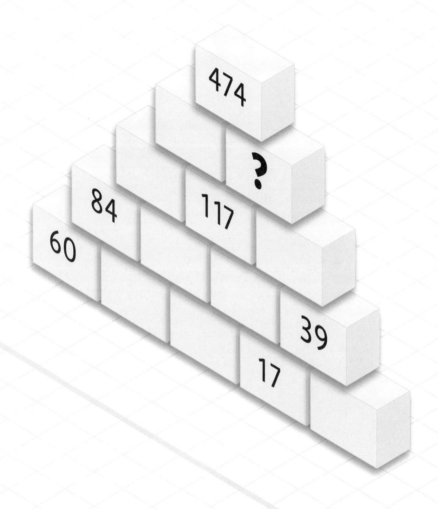

시계 A는 자정에는 시간이 정확했지만 그 이후로 시간당 3.5분씩 느려졌다. 시계 A가 3시간 전에 멈춘 시각이 시계 B와 같을 때, 현재는 몇 시일까?

(단, 시계가 움직인 시간은 24시간 이내이다.)

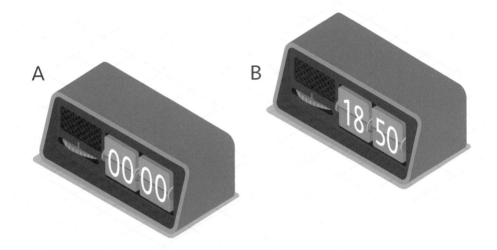

다음 그림에서 네 번째 세로줄에 있는 물음표의 값은 얼마일까?

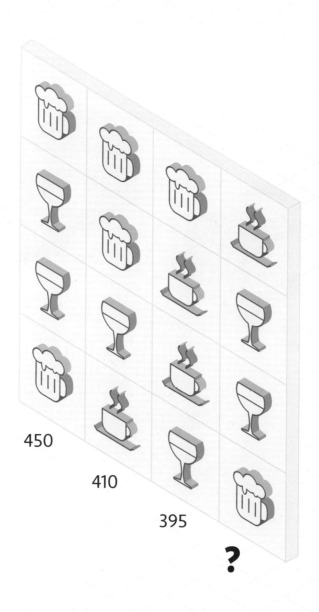

450

410

395

?

다음 물음표에 들어갈 알맞은 숫자는 무엇일까?

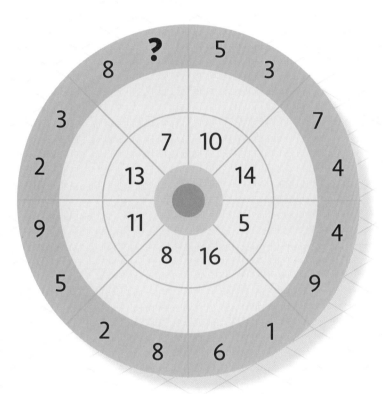

101

난이도 ★★

다음 물음표에 들어갈 알맞은 숫자는 무엇일까?

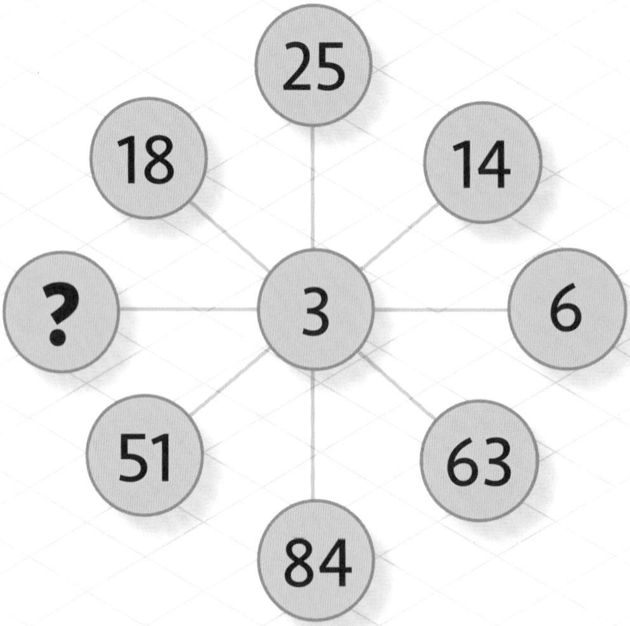

난이도 ★★

다음 두 물음표에 들어갈 알맞은 숫자는 무엇일까?

9	27	12
16	64	20
6	30	11
15	?	?

103

인접한 2개의 사각형에 적힌 숫자의 합이 바로 위에 있는 사각형의 숫자가
될 때, 다음 물음표에 들어갈 알맞은 숫자는 무엇일까?

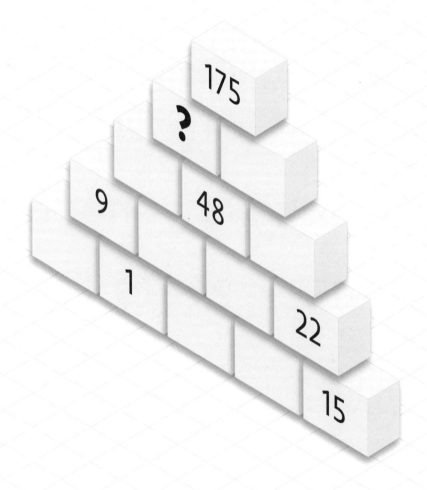

104

난이도 ★

길이가 440야드인 전차가 시속 60마일로 달리면서 1마일의 긴 터널로 들어가고 있다. 전차의 맨 앞부분이 터널에 진입한 순간부터 전차의 맨 끝부분이 터널을 빠져나올 때까지 걸린 시간은 얼마일까?

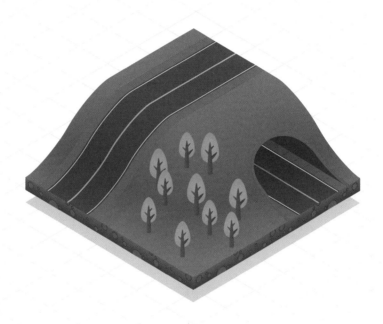

다음 원에서 물음표에 들어갈 알맞은 숫자는 무엇일까?

106

난이도 ★

다음 물음표에 들어갈 알맞은 숫자는 무엇일까?

93	6
32	1
51	4
74	3
85	?

다음 두 물음표에 들어갈 알맞은 숫자는 무엇일까?

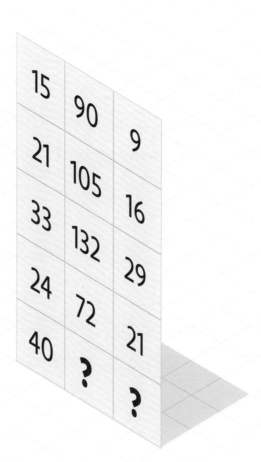

다음 그림에서 네 번째 세로줄에 있는 물음표의 값은 얼마일까?

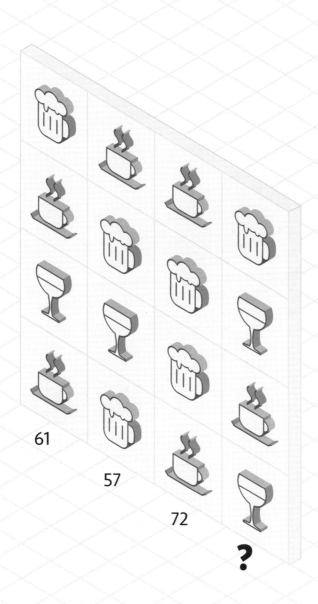

61

57

72

?

109

난이도 ★

기차가 시속 110마일로 달렸다가 다시 정확하게 $\frac{220}{3}$마일로 돌아왔다. 기차의 전 여행 기간 동안 평균 속력은 얼마일까?

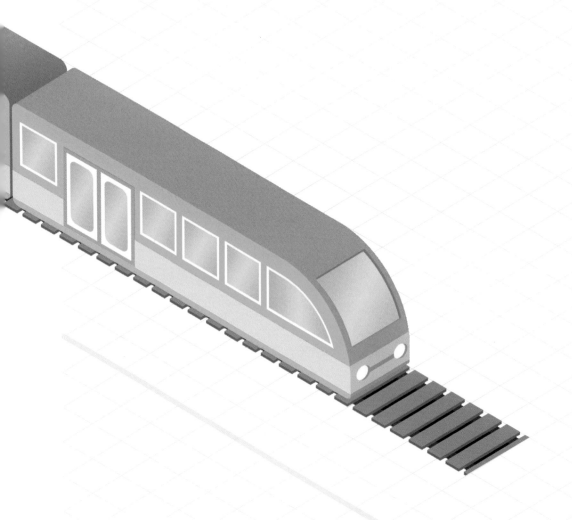

난이도 ★

다음 물음표에 들어갈 알맞은 숫자는 무엇일까?

34	70
15	32
11	24
47	96
29	?

111

난이도 ★

미니버스와 좌석버스가 같은 시간에 같은 지점을 출발하여 140마일을 이동하였다. 미니버스는 시속 50마일로, 좌석버스는 시속 35마일로 이동할 때, 두 자동차가 도착하는 시간은 얼마나 차이가 날까?

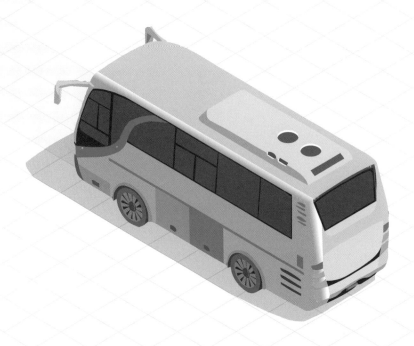

112

난이도 ★★★

다음 물음표에 들어갈 알맞은 숫자는 무엇일까?

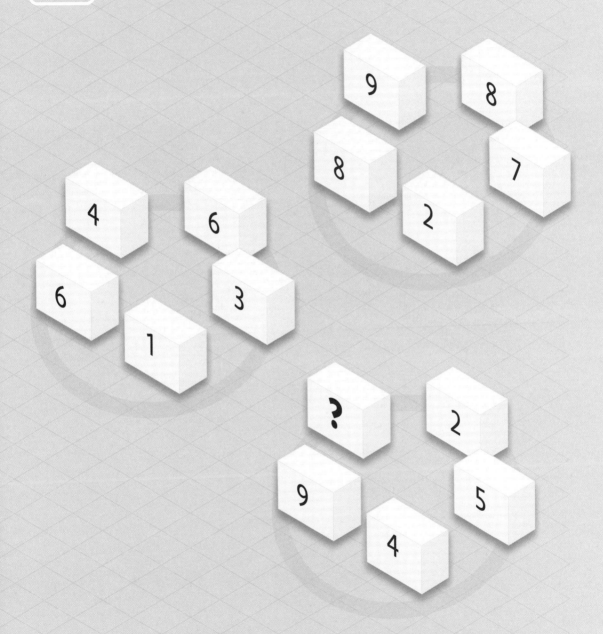

113

난이도 ★★★

다음 이정표에는 각 지역까지의 거리가 적혀 있다. 애머릴로(AMARILLO)까지의 거리는 몇 마일일까?

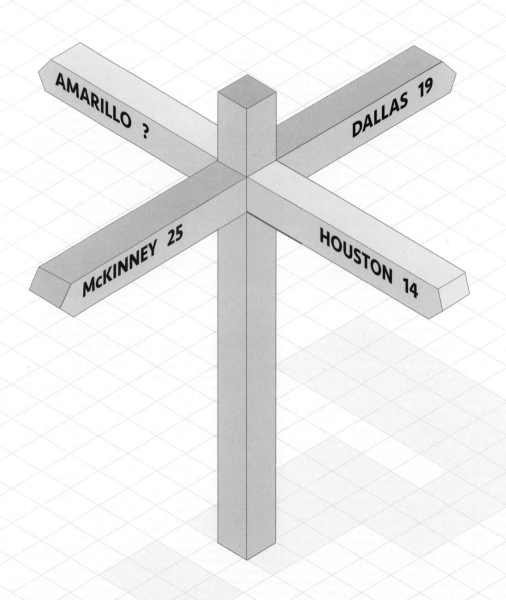

다음 그림의 빈 칸에 들어갈 알맞은 것은 어느 것일까?

난이도 ★

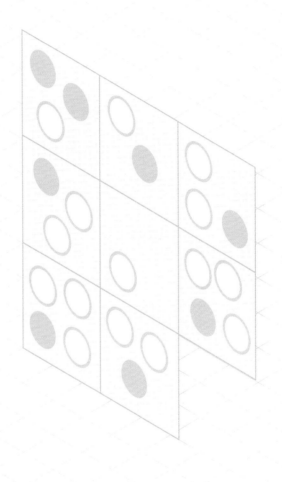

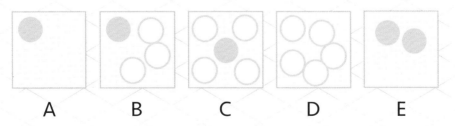

A   B   C   D   E

다음 물음표에 들어갈 알맞은 숫자는 무엇일까?

17   8

56   11

32   5

12   3

84   ?

자동차가 시속 35마일로 이동한 뒤 돌아올 때는 시속 26.25마일로 움직였다.
자동차의 평균 속력은 얼마일까?

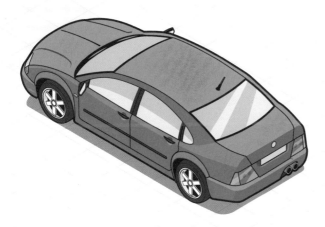

다음 중 규칙에 맞지 않는 것은 어느 것일까?

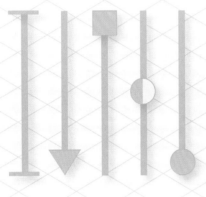

A

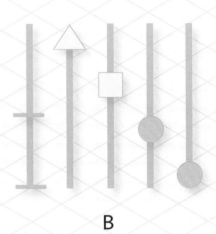

B

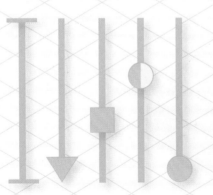

C

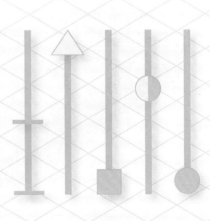

D

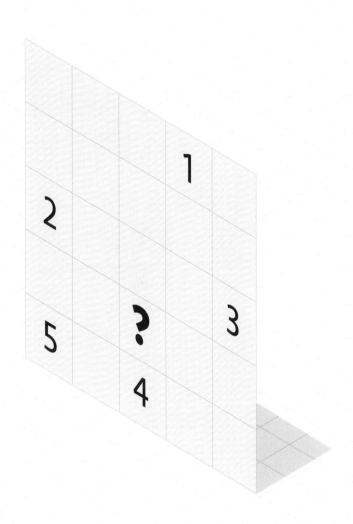

118

난이도 ★★

다음 정사각형의 가로, 세로, 대각선 방향으로 길의 경로에 1부터 5까지의 숫자 중 같은 숫자는 한 번씩만 나오도록 할 때, 물음표에 들어갈 알맞은 숫자는 무엇일까?

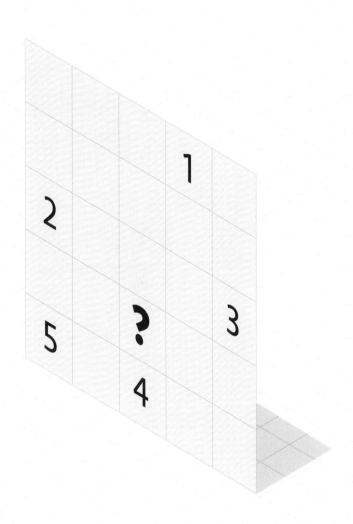

난이도 ★

다음 물음표에 들어갈 알맞은 숫자는 무엇일까?

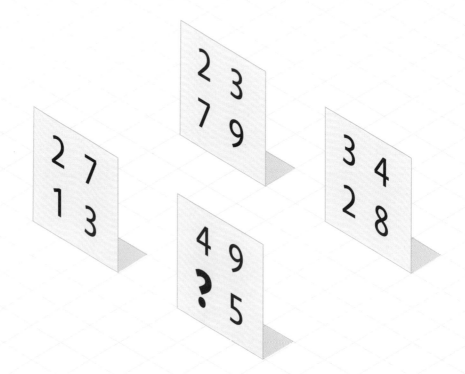

난이도 ★

다음 두 물음표에 들어갈 알맞은 숫자는 무엇일까?

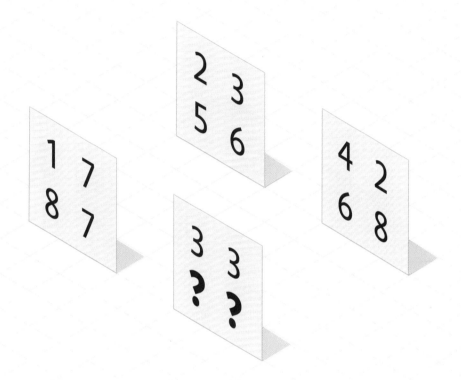

스포츠 센터에서 수영을 하는 인원은 권투를 하는 인원의 3배이다. 그리고 에어로빅을 하는 사람은 권투를 하는 사람보다 12명이 더 많고, 배드민턴을 하는 사람은 에어로빅을 하는 사람보다 11명이 더 적다. 배드민턴을 하는 사람이 10명일 때, 다른 운동을 하는 사람은 각각 몇 명일까?

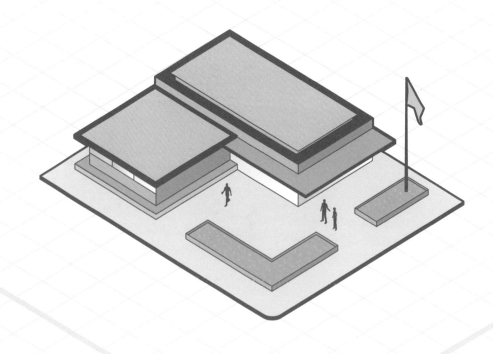

다음 물음표에 들어갈 알맞은 문자는 무엇일까?

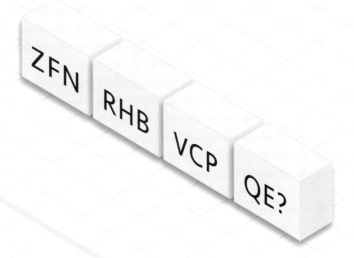

난이도 ★ ☆ ☆

다음 물음표에 들어갈 알맞은 숫자는 무엇일까?

가게에서 물건을 산 손님이 16.8달러를 지불하였다. 손님이 사용한 동전의 단위는 4가지이고, 그 중 액면가가 가장 큰 동전은 1달러이다. 각 단위의 동전마다 같은 개수만큼 사용했을 때, 1센트, 5센트, 10센트, 25센트, 50센트, 1달러의 동전 중에 손님이 사용한 각 동전의 단위와 그 개수는 얼마일까?

125

난이도 ★

자동차 A, B가 같은 시간에 같은 지점을 출발하여 같은 경로로 이동하였다. 자동차 A는 시속 50마일, 자동차 B는 시속 40마일로 움직였다. 자동차 A가 115마일을 달린 뒤에 멈추었을 때, 자동차 B가 자동차 A를 따라잡는 데 걸리는 시간은 얼마나 될까?

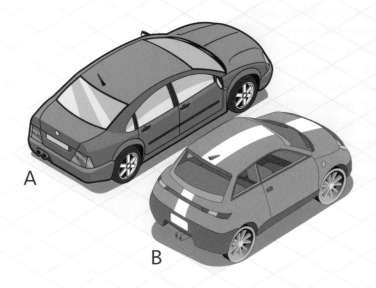

A

B

다음 물음표에 들어갈 알맞은 숫자는 무엇일까?

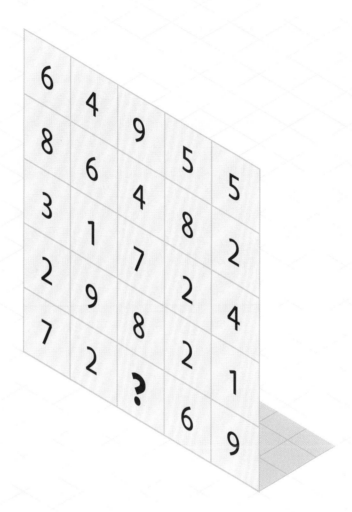

다음 그림에서 네 번째 그림으로 알맞은 것은 보기 A, B, C 중 어느 것일까?

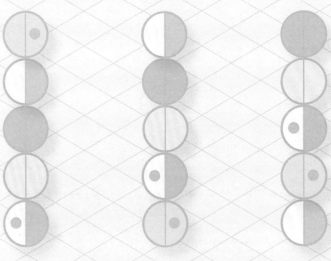

A   B   C

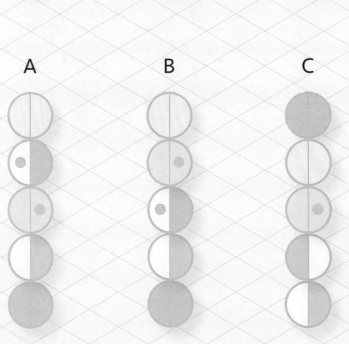

다음 중 규칙에 맞지 않는 숫자는 어느 것일까?

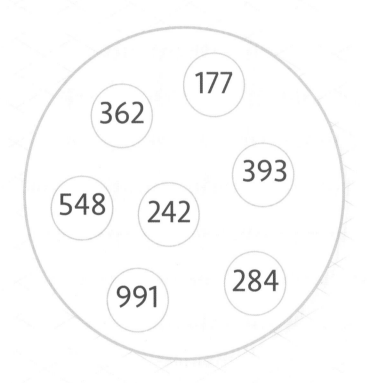

129

난이도 ★★

일반 계산기로 주어진 순서에 따라 계산하려고 한다. 각 물음표에 +, −, ×, ÷ 기호를 한 번씩만 사용하여 나올 수 있는 가장 큰 숫자와 가장 작은 숫자는 무엇일까?

$$4 \;\; ? \;\; 2 \;\; ? \;\; 8 \;\; ? \;\; 3 \;\; ? \;\; 5 = ?$$

일반 계산기로 주어진 순서에 따라 계산하려고 한다. 각 물음표에 +, −, ×, ÷ 기호를 한 번씩만 사용하여 −42가 나오게 하려면 어떤 순서로 넣어야 할까?

2 ? 6 ? 8 ? 3 ? 9 = -42

131

다음 중 규칙에 맞지 않는 숫자는 어느 것일까?

난이도 ★★

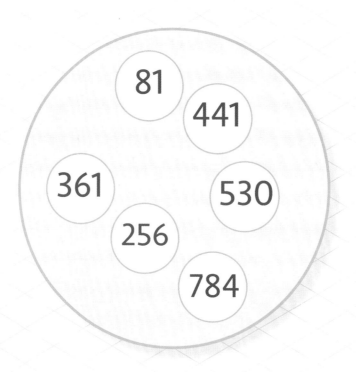

132

길이가 110야드인 기차가 시속 30마일로 움직이며 3마일 길이의 터널로 들어가고 있다. 기차의 맨 앞부분이 터널에 들어간 순간부터 기차의 맨 끝부분이 터널을 빠져나올 때까지 걸린 시간은 얼마일까?

난이도 ★

다음 중 규칙에 맞지 않는 것은 어느 것일까?

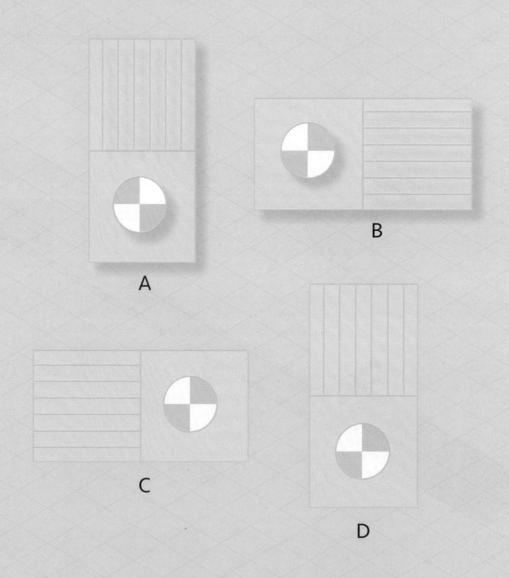

A

B

C

D

다음 물음표에 들어갈 알맞은 숫자는 무엇일까?

135

난이도 ★

자동차가 시속 40마일의 속력으로 80마일을 이동하였다. 출발할 때 10갤런의 연료가 이동 중에 새어나가 현재는 바닥이 났다. 자동차가 1갤런 당 40마일을 이동한다고 할 때, 시간당 새어나간 연료의 양은 얼마일까?

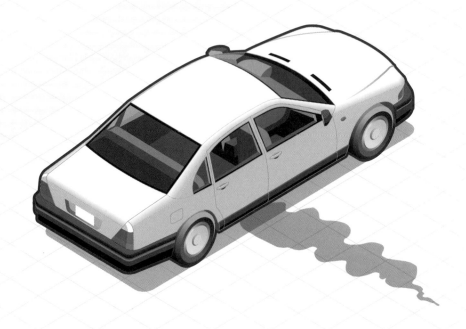

난이도 ★★

다음 물음표에 들어갈 알맞은 숫자는 무엇일까?

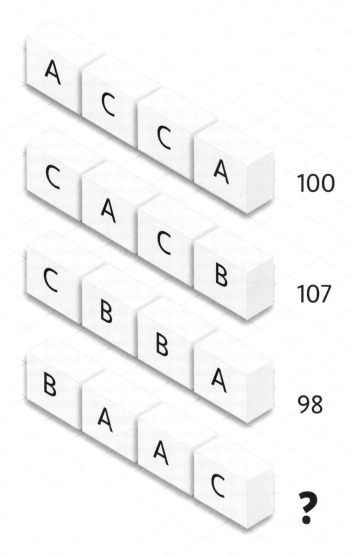

137

난이도 ★★☆

두 대의 자동차가 같은 지점에서 출발하여 같은 경로로 이동하였다. 첫 번째 차는 두 번째 차보다 9분 전에 출발하였다. 첫 번째 차는 시속 85킬로미터, 두 번째 차는 시속 100킬로미터로 이동하였을 때, 두 자동차는 출발 지점에서 몇 킬로미터 떨어진 곳에서 다시 만날까?

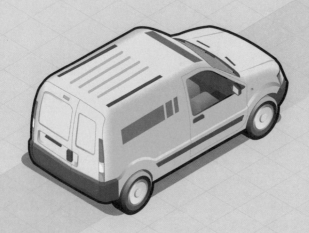

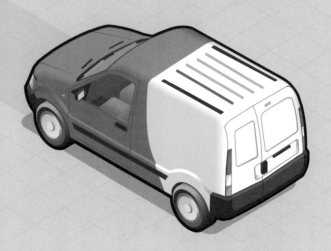

138

난이도 ★

한 단체가 식사 장소를 고르고 있다. 이탈리아 음식을 원하는 사람은 중식을 원하는 사람의 4배이다. 인도 음식을 원하는 사람은 중식을 원하는 사람보다 5명이 많고, 타이 음식을 원하는 사람은 인도 음식을 원하는 사람보다 3명이 적다. 4명이 타이 음식을 원했을 때, 이탈리아 음식과 중식, 인도 음식을 원하는 사람은 각각 몇 명일까?

다음 물음표에 들어갈 알맞은 숫자는 무엇일까?

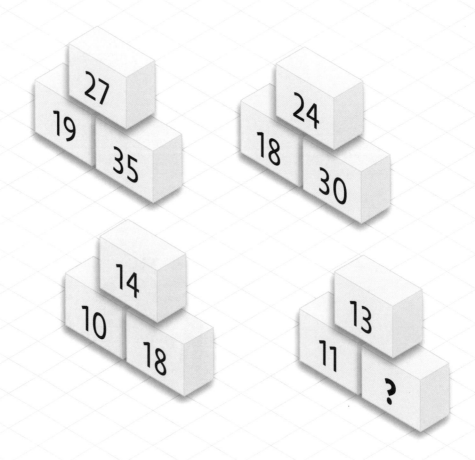

난이도 ★★★

다음 그림에서 P가 Q와 짝이라면 R은 A, B, C 중 누구와 짝을 이룰까?

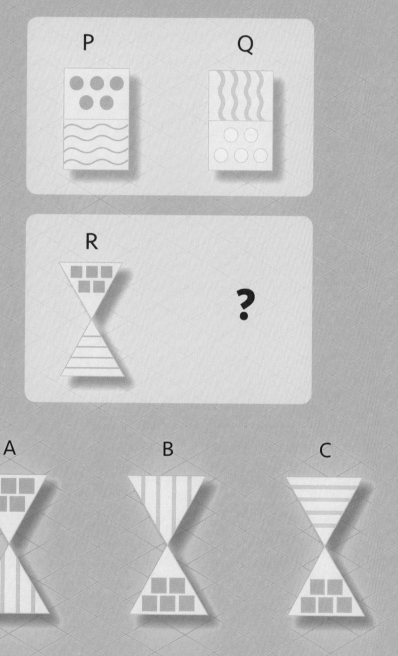

다음 그림에서 P가 Q와 짝이라면 R은 A, B, C 중 누구와 짝을 이룰까?

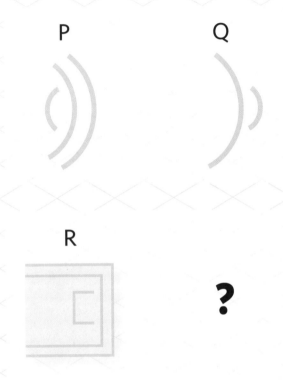

?

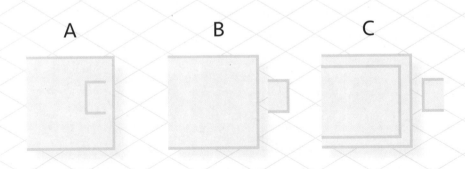

소방차가 시속 32마일로 화재 현장까지 9마일을 달려갔다. 소방차 탱크에 물이 500갤런 들어 있었지만, 이동 중에 시간당 20갤런씩 새어나갔다. 불을 끄는 데 496갤런의 물이 필요한 경우, 화재를 진압할 수 있을까?

143

난이도 ★★

시계 A는 자정에는 시간이 정확했지만 그 이후로 시간당 1분씩 느려졌다. 시계 A가 1시간 30분 전에 멈춘 시각이 시계 B와 같을 때, 현재는 몇 시일까? (단, 시계는 24시간 이내로 움직인다.)

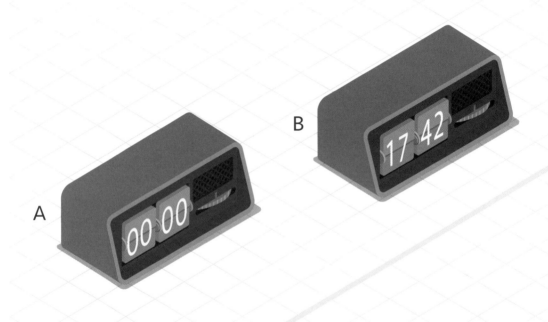

주머니 안에 5.04파운드가 들어 있다. 서로 다른 4단위의 동전으로 이루어져 있고, 그 중 액면가가 가장 큰 동전은 50펜스이다. 각 단위의 동전마다 개수가 같을 때, 각 동전의 단위와 그 개수는 얼마일까?

(단, 동전은 1페니, 2펜스, 5펜스, 10펜스, 20펜스, 50펜스 중에서 선택할 수 있다.)

다음 그림에서 P가 Q와 짝이라면 R은 A, B, C 중 누구와 짝을 이룰까?

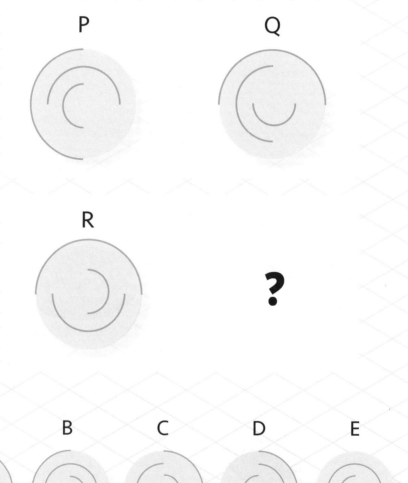

아래 그림에서 규칙에 따라 이어질 그림은 보기 A, B, C 중 어느 것일까?

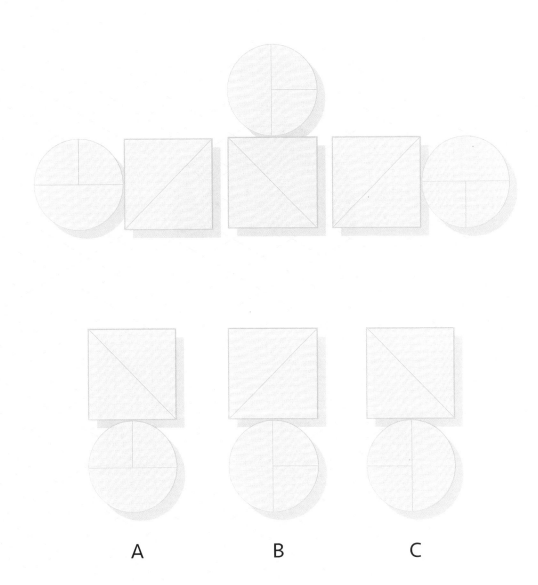

A   B   C

한 소년이 농구 골대에 공을 넣는 연습을 하고 있다. 처음 20분 동안에는 1분당 평균 2회 성공하였고, 그 이후 25분을 추가로 연습해서 결과적으로 1분당 평균 7회 성공하였다. 마지막 25분 동안의 1분당 평균 성공 횟수는 얼마일까?

148

난이도 ★★

다음 중 3개의 숫자를 더해서 20을 만들려고 한다. 각 숫자를 여러 번 쓸 수 있을 때, 20을 만드는 방법은 모두 몇 가지일까?

(2) (4) (6) (8) (10) (12) (14)

149

난이도 ★★

다음 이정표에는 각 지역까지의 거리가 적혀 있다. 보츠와나(BOTSWANA)까지는 몇 마일일까?

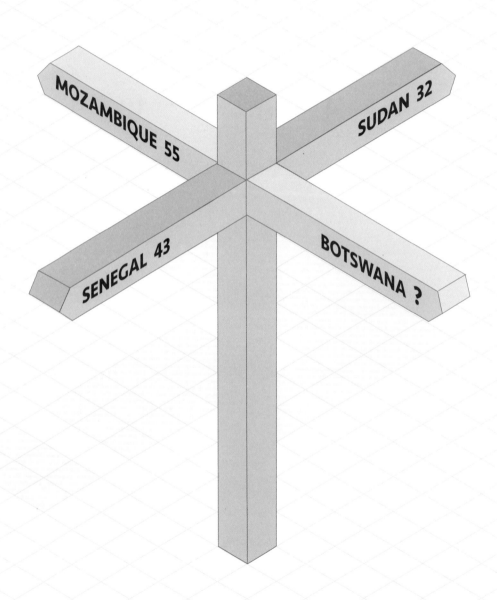

MOZAMBIQUE 55

SUDAN 32

SENEGAL 43

BOTSWANA ?

150

난이도 ★★

다음 물음표에 들어갈 알맞은 숫자와 그 이유는 무엇일까?

15	20	20	6	6	?
ONE	TWO	THREE	FOUR	FIVE	SIX

멘사 수학
수학 테스트

해답

01 아이티(Haiti), 하와이(Hawaii), 발리(Bali)

02 26분 40초

03 5

각 줄마다 앞의 2칸에 해당하는 두 자리 숫자에서 가운데 숫자를 빼면 뒤의 2칸에 해당하는 두 자리 숫자가 나온다.

04 ×, −, +, ÷

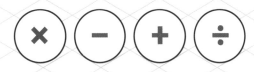

05 15:30분 또는 오후 3:30분

06 가장 큰 값: 40, 가장 작은 값: −8

−, ÷, +, ×를 차례로 넣으면 가장 큰 값인 40이 나온다. ÷, +, −, ×를 차례로 넣으면 가장 작은 값인 −8이 나온다.

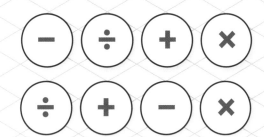

07 4

각 정사각형 안의 숫자의 합은 21이다.

08 25

각 알파벳에 해당하는 숫자(A=1, B=2, C=3, …)를 더하면 된다.

09 8킬로미터

10 23:00 또는 오후 11:00

11 7

각 열마다 숫자를 더하면 15, 20, 25, 30, 35가 된다.

12 Mathematics(수학)

13 110킬로미터

14 4

두 알파벳에 해당하는 숫자의 차를 구하면 된다.

15 **3**

각 정사각형의 아랫줄의 두 숫자를 곱하면 윗줄의 숫자가 나온다.

16 **6**

각 알파벳을 이루는 선분의 개수를 주어진 대로 더하거나 빼면 된다.

17 **2가지**

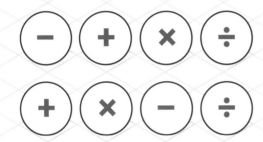

18 **시속 444마일**

19 **1**

처음 두 문자의 알파벳에 해당하는 숫자를 더하고, 세 번째 문자의 알파벳에 해당하는 숫자를 빼면 된다.

20 **27분**

21 $4\frac{2}{3}$ **갤런**

22 **8가지**

14+4+4
10+6+6
10+10+2
8+8+6
14+6+2
12+8+2
12+6+4
10+8+4

23 **불가능하다. 물이 $\frac{1}{2}$ 갤런 부족하다.**

24 **120**

이 숫자는 1×3, 2×4, 5×7, 6×8, 9×11, (10×12)에서 나온 것이다. 즉 연속하는 두 홀수나 두 짝수를 차례로 곱하면 된다.

25 **33**

```
          85
       33   52
      12  21   31
     5  7  14  17
    3  2  5  9  8
```

26 시속 840마일

27 466장

28 6분 15초

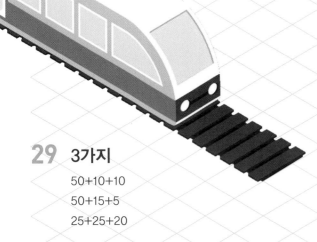

29 3가지

50+10+10
50+15+5
25+25+20

30 1페니, 2펜스, 10펜스, 1파운드
각 16개

31 6.5갤런

32 92.5초

33 310

숫자가 20, 40, 60, 80, 100만큼 점점 커진다.

34 가능하다. 0.2갤런 남는다.

35 1.25갤런

36 73

바로 전의 숫자 두 개를 더하면 다음 숫자를 구할
수 있다.

37 E

38 96.1111마일

39 24마일

40 1

숫자는 각각 3, 6, 9, 12로 나누어진다.

41 250

```
              487
          250    237
        113   118   119
      79   53   65   54
    55   24   29   36   18
```

42 185개

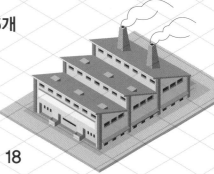

43 65, 18

각 줄의 첫 번째, 두 번째, 세 번째 숫자를 각각 a, b, c라고 하면
첫 번째 줄
$a \times 20 = b$, $a + 20 = c$
두 번째 줄
$a \times 15 = b$, $a + 15 = c$
세 번째 줄
$a \times 10 = b$, $a + 10 = c$
네 번째 줄
$a \times 5 = b$, $a + 5 = c$

44 남쪽

홀수 번째 가로줄에서 화살표 방향은 남쪽, 서쪽, 동쪽, 북쪽, 남쪽, 서쪽의 순서로 반복된다. 짝수 번째 가로줄에서는 그 반대 방향을 따른다.

45 북쪽

첫 번째 세로줄에서 화살표 방향은 북쪽, 서쪽, 동쪽, 남쪽의 순서로 반복되고, 두 번째 세로줄에서는 그 반대 방향으로 반복된다.(이것은 세로줄이 아닌 가로줄에서도 마찬가지이다.)

46 15000

차례로 20, 15, 10, 5를 곱하게 된다.

47 2025마일

각 단어의 첫 번째와 마지막 알파벳에 해당하는 두 자리 숫자를 이어서 쓰면 된다.

48 4

49 40

2, 4, 6, 8, 10, …을 차례로 더한다.

50 31

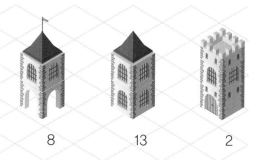

8   13   2

51 28분 45초

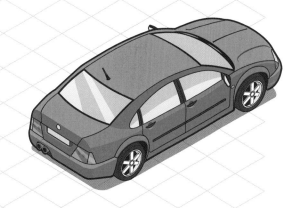

52 1

시계 방향으로 첫 번째 알파벳에 해당하는 숫자에서 두 번째 알파벳에 해당하는 숫자를 빼면 된다.

53 F

바깥쪽에 있는 두 개의 알파벳에 해당하는 숫자를 더하면 가운데 알파벳에 해당하는 숫자가 된다.

54 ① 치즈, 햄, 피클, 페이스트리, 커리, 사모사, 샐러드(거꾸로 놓는 경우도 가능하다.)

② 피클, 햄, 치즈, 페이스트리, 커리, 사모사, 샐러드(거꾸로 놓는 경우도 가능하다.)

55 88

199

111 88

62 49 39

34 28 21 18

24 10 18 3 15

56 259

각 숫자의 첫 번째와 두 번째 자리의 값을 곱하면 세 번째 자리의 값이 된다.

57 90

각 숫자는 1×2, 3×4, 5×6, …과 같다.

58 125마일

59 북쪽

첫 번째 가로줄에서 화살표 방향은 북쪽, 서쪽, 동쪽, 남쪽, 동쪽, 서쪽의 순서로 반복되고, 다음 가로줄에서도 이와 같은 과정을 반복한다.

60 105개

61 ×, +, −, ÷

62 6

삼각형 모양의 각 변에 해당하는 4개의 숫자의 합은 18이다.

63 서쪽으로 2마일 걸어가야 한다.

64 190

10   70   55

65 $\frac{1}{3}$ 갤런

66 1, 1

각 정사각형에서 아래의 두 숫자를 더하면 위의 숫자를 얻는다.

67 19:00 또는 오후 7:00

68 1

맨 위에서부터 시계 방향으로 각 부채꼴의 세 숫자의 합은 매번 1만큼 커진다.

69 9, 24

각 줄은 첫 번째 숫자를 3으로 나누면 두 번째 숫자가 나오고, 첫 번째 숫자에서 3을 빼면 세 번째 숫자가 나온다.

70 $108\frac{1}{3}$ 마일

71 2분 37.5초

72 헬스장: 12명

수영: 4명

걷기: 10명

73 190

각 별의 값은 100, 각 삼각형의 값은 50, 각 직사각형의 값은 20이다.

74 2펜스, 20펜스, 50펜스, 1파운드 각 9개

75 496.25갤런

76 4번째 줄의 1N

77 5가지

15+5+5

10+10+5

12+10+3

15+6+4

15+10+0

78 18

2   5   9

79 35

왼쪽의 각 숫자에 3.5를 곱하면 오른쪽 숫자가 나온다.

80 $11\frac{1}{3}$ 갤런

81 6골

82 4가지

10+2+2

6+4+4

6+6+2

8+4+2

83 20킬로미터

84 월요일

19일

4번

수요일

85 2

각 가로줄에서 첫 번째와 두 번째 숫자를 더하면
마지막 숫자가 되고, 세 번째 숫자와 네 번째 숫
자를 더해도 마지막 숫자가 된다.

86 $(17+13) \div 6 = \sqrt{25}$

87 #

홀수 번째 세로줄에서는 #, %, $, £, ~, X의 순
서로 반복된다. 짝수 번째 세로줄에서는 그 반대
순서를 따른다.

88 시속 200마일

89 PAL

같은 알파벳에 해당하는 숫자는 각 단어마다 1씩
증가한다.

90 16마일

각 단어의 첫 번째와 마지막 알파벳에 해당하는
숫자를 더하면 몇 마일인지 알 수 있다.

91 위: 2개, 아래: 6개

각 가로줄의 첫 번째 칸과 두 번째 칸에서 위의
이음표의 개수를 더하면 세 번째 칸의 위의 이음
표 개수와 같고, 첫 번째 칸과 두 번째 칸에서 아
래의 이음표 개수를 곱하면 세 번째 칸의 아래의
이음표 개수와 같다.

(1+1=2, 3×2=6)

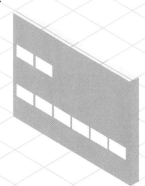

92 68마일

93 100명

각 단어의 알파벳 중 로마 숫자를 모두 더하면 된다.

기호	I	V	X	L	C	D	M
값	1	5	10	50	100	500	1000

94 3

맨 위의 숫자 세 개를 더하면 아래의 두자리 숫자
가 나온다.

8+3+2=13

95 2

각 가로줄에서 바깥쪽 2개의 숫자를 곱하면 가운
데 2개의 숫자가 된다.

96 24킬로미터

97 211

474

263 211

146 117 94

84 62 55 39

60 24 38 17 22

98 23:00 또는 오후 11:00

99 435

85   100   125

100 8

각 부채꼴의 바깥쪽 두 개의 숫자의 합이 반대쪽 부채꼴의 안쪽 숫자가 된다.

101 27

위쪽 절반의 각 숫자에 가운데 숫자를 더하고, 다시 가운데 숫자를 곱하면 반대쪽 숫자가 된다.

102 90, 21

첫 번째 가로줄에서 첫 번째 숫자에 3을 곱하면 두 번째 숫자가 나오고, 첫 번째 숫자에 3을 더하면 세 번째 숫자가 나온다. 다음 가로줄에서는 첫 번째 숫자에 4를 곱하고 4를 더하는 방식으로 계속 진행하면 된다.

103 78

175

78 97

30 48 49

9 21 27 22

8 1 20 7 15

104 1분 15초

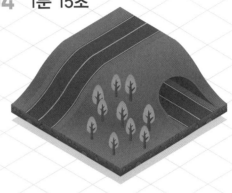

105 7

각 부채꼴의 숫자의 합은 반대쪽 부채꼴의 숫자의 합과 같다.

106 3

왼쪽 숫자의 첫째 자리 숫자에서 둘째 자리 숫자를 빼면 오른쪽 숫자가 나온다.

107 80, 38

각 줄의 첫 번째, 두 번째, 세 번째 숫자를 각각 a, b, c라 하면
첫 번째 줄: $a \times 6 = b$, $a - 6 = c$
두 번째 줄: $a \times 5 = b$, $a - 5 = c$
세 번째 줄: $a \times 4 = b$, $a - 4 = c$
네 번째 줄: $a \times 3 = b$, $a - 3 = c$
다섯 번째 줄: $a \times 2 = b$, $a - 2 = c$

108   46

20   16   5

109   시속 88마일

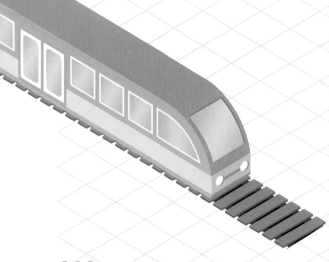

110   60

왼쪽의 각 숫자에 1을 더하고, 다시 2를 곱하면 오른쪽 숫자가 된다.

111   1시간 12분

112   2

각 그룹의 맨 윗줄에서부터 시계 방향으로 처음 세 개의 숫자를 더하고, 네 번째 숫자를 빼면 다섯 번째 숫자가 된다.
(2+5+4-9=2)

113   15마일

마지막 알파벳에 해당하는 숫자가 거리를 나타낸다.

114   D

각 가로줄의 (또는 각 세로줄에서) 첫 번째 칸과 두 번째 칸에서 어두운 원의 개수는 빼고, 하얀 원의 개수를 더하면 3번째 칸처럼 된다.

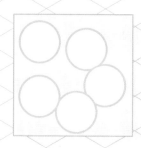

115   12

왼쪽 숫자에서 각 자리의 숫자를 더하면 오른쪽의 숫자가 된다.

116   시속 30마일

117   B

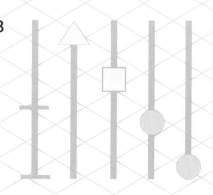

A, C, D에서 2, 3번째 줄의 삼각형, 사각형에는 어둡게 색칠된 것이 있고, A, C, D에서 4번째 줄의 원은 어둡게 색칠된 부분과 밝게 색칠된 부분이 모두 있다.

118   2

3 2 5 1 4
1 4 3 2 5
2 5 1 4 3
4 3 2 5 1
5 1 4 3 2

119   5

각 정사각형에서 오른쪽의 두 숫자를 곱하면 왼쪽의 두 숫자가 나온다.

120   6, 9

각 정사각형에서 맨 위의 두 숫자를 더하면 아래 왼쪽의 숫자, 곱하면 아래 오른쪽의 숫자가 된다.

121   수영: 27명
권투: 9명
에어로빅: 21명

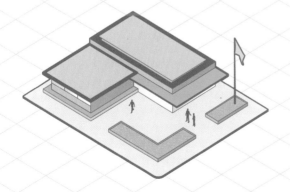

122   G

첫 번째 알파벳에 해당하는 숫자에서 두 번째 알파벳에 해당하는 숫자의 2배를 빼면 3번째 알파벳에 해당하는 숫자가 된다.

123   4

각 그룹에 왼쪽의 두 숫자의 합과 오른쪽의 두 숫자의 합 모두 맨 위의 숫자와 같다.
(5+3=8, 4+4=8)

124   5센트, 10센트, 25센트, 1달러 각 12개

125   34분 30초

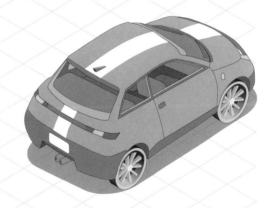

126   3

각 가로줄에서 왼쪽의 두자리의 숫자에서 오른쪽의 두자리의 숫자를 빼면 가운데 숫자가 된다.

127 A

128 548

각 숫자에서 두 번째 자리 숫자를 첫 번째 자리 숫자로 나누면 세 번째 자리 숫자가 된다.

129 **가장 큰 숫자: 35**
가장 작은 숫자: −15

÷, +, −, ×를 이용하면 35가 되고, ÷, −, +, ×를 이용하면 −15가 된다.

130 ÷, −, +, ×

131 530

다른 숫자는 모두 제곱수이다.

132 6분 7.5초

133 D

134 6

삼각형 모양의 각 변에 해당하는 4개의 숫자의 합은 20이다.

135 **4갤런**

136 91

A=17, B=24, C=33

137 **85킬로미터**

138 이탈리아 음식: 8명

중식: 2명

인도 음식: 7명

139 15

각 그룹의 숫자를 살펴보면 첫 번째 그룹은 8씩 증가, 두 번째 그룹은 6씩 증가, 세 번째 그룹은 4씩 증가, 네 번째 그룹은 2씩 증가한다.

140 B

141 B

142 불가능하다. 1.625갤런 부족하다.

143 19:30 또는 오후 7:30

144 1페니, 2펜스, 10펜스, 50펜스 각 8개

145 A

146 C

147 11회

148 7가지

12+4+4

8+6+6

8+8+4

14+4+2

12+6+2

10+8+2

10+6+4

149 53마일

첫 번째 자리는 각 단어의 자음의 개수이고,
두 번째 자리는 각 단어의 모음의 개수이다.

150 19

각 숫자는 단어 one, two, three, four, five의
첫 번째 알파벳에 해당하는 숫자이다.(o=15,
t=20, …) six는 s(19)로 시작한다.

멘사 수학 퍼즐 보고서
퍼즐 역사의 조각을 찾아서

유물로 남겨진 초기 퍼즐의 흔적들

퍼즐을 보면 풀고 싶다는 생각이 드는 것은 모든 인간의 공통된 욕구인 것 같다. 우리가 가진 훌륭한 고고학적 증거가 뒷받침해 주는 바, 퍼즐은 모든 문화와 모든 시대에서 발견된다. 지금까지 퍼즐로 밝혀진 유물들 중 가장 오래된 것은 기원전 2000년을 약간 지난 시기까지 거슬러 올라간다. 인류 최초의 문자(인더스 문자)가 그보다 불과 몇 백 년 앞선 기원전 2600년에 발명된 점을 감안하면 퍼즐이 얼마나 유구한 역사를 지녔는지 짐작할 수 있다. 글로 된 퍼즐은 고대 바빌론 시대의 점토판에 기록되어 있는데, 그것은 삼각형의 세 변의 길이를 알아내는 수학 퍼즐이었다.

그와 비슷한 시기에 만들어진 다른 퍼즐들도 발견되었다. 고대 이집트 문서인 린드 파피루스에 묘사된 퍼즐이 그것인데, 이는 영국의 오래된 수수께끼 "세인트 아이브즈로 가고 있을 때(As I was going to St. Ives)"[1]의 원조 격이라 할 만하다. 린드 파피루스에 적힌 퍼즐은 집일곱 채가 있고, 일곱 채의 집마다 일곱 마리의 고양이가 살며, 그 각각의 고양이는 일곱 마리의 쥐를 죽였고, 그 쥐들은 각각 수수 일곱 홉을 먹어치웠다는 누가 봐도 비현실적인 상황을 전제로 한다.

이와 유사하게 기원전 1700년경 페니키아인이 만들고 사이프러스에서 발견된 '퍼즐 항아리'는 오랜 세월이 지난 뒤 중세시대 유럽에서 유행하게 될 항아리의 원조 격이라 하겠다. 이 특별한 항아리는 넓은 범주에서 '아스코스(Askos, 기름이나 술을 담는 항아리. 타원형이며, 짧게 튀어나온 주둥이와 주둥이 부위에서 등 부위에 걸쳐 활 모양의 손잡이가 있는 것이 특징)'로 알려진 용기 형태이며, 용기 속에 담길 액체가 바닥을 통해 채워지게 되어 있다. 이런 형태의 속임수 용기는 후대에 이르러 '커더건 차주전자(Cadogan Teapot)'라는 이름을 갖게 되는데, 뚜껑이 없고 바닥에 있는 구멍을 통해 물을 채워야 하는 것이 그 특징이다. 바닥의 구멍과 연결된 좁은 깔때기가 용기 내부까지 이어져 있어 거꾸로 뒤집었을 때 쏟지 않고도 물을 절반 정도 채울 수 있다.

---

1 As I was going to St. Ives
I met a man with seven wives.
Every wife had seven sacks,
Every sack had seven cats,
Every cat had seven kits.
Kits, cats, sacks, and wives,
How many were going to St. Ives?

세인트 아이브즈로 가고 있을 때
일곱 명의 부인을 둔 남자를 만났다.
부인들은 각자 일곱 개의 자루를 가지고 있었고,
각 자루에는 고양이 일곱 마리가 들어 있으며,
고양이들은 각각 새끼 고양이 일곱 마리를 두고 있었다.
새끼 고양이, 고양이, 자루, 부인들,
세인트 아이브즈로 가고 있는 이는 모두 몇일까?

발견된 유물 중에는 시대적으로 이보다 앞선 것도 분명 존재하지만, 오랜 세월을 거치면서 그 맥락이 많이 사라져 창안자가 특별히 퍼즐을 생각하며 만들었는지 아니면 단지 수학 원리를 설명하기 위한 차원에서 만들었는지는 판단하기 어렵다. 등비수열이 나오는 고대 바빌로니아 점토판들은 기원전 2300년의 것으로 여겨진다. 하지만 가장 오래된 수학적 유물 중 하나는 플라톤의 입체도형들이 새겨진 둥근 돌들로, 기원전 2700년경의 것으로 추정된다. 그 볼록한 정다면체들은 오직 동일한 정다각형으로만 만들어진 3차원 입체모형이다. 플라톤의 입체도형은 총 다섯 가지가 존재하는데, 그 중에서 우리에게 제일 친숙한 것은 6개의 정사각형으로 이루어진 정육면체이다. 나머지 네 가지는 4개의 정삼각형으로 이루어진 정사면체, 8개의 정삼각형으로 이루어진 정팔면체, 12개의 정오각형으로 이루어진 정십이면체, 그리고 20개의 정삼각형으로 이루어진 정이십면체이다.

현재로서는 볼록하게 새겨진 그 돌조각들이 학습용 모형인지, 퍼즐이나 게임 도구인지, 수학적 이론을 시범적으로 보여주는 모형인지 혹은 예술 작품인지, 그도 아니라면 어떤 종교적 상징물인지 알 길이 없다. 하지만 그러한 돌조각들이 존재한다는 사실은, 먼 옛날 누군가가 입체적인 정다면체가 존재한다는 사실을 발견하고, 매우 의미 있는 추상적 수학 퍼즐을 생각해내면서 시간을 보냈다는 명백한 증거라 하겠다.

최초의 초거대 미궁

동일한 시기에 인류 역사상 가장 거대한 물리적 퍼즐이 제작되었다. 이집트 파라오 아메넴헤트 3세가 무덤으로 쓸 피라미드를 건설했는데, 그 피라미드는 주변에 어마어마한 미궁 형태의 거대한 신전 단지를 갖추고 있었다. 파라오의 미라와 보물들을 소동이나 도굴범들로부터 지키려는 목적으로 지어진 이 미궁은 어찌나 화려하고 교묘하게 디자인되었는지, 저 유명한 크레타의 미로, 그러니까 다이달로스가 크레타의 왕 미노스의 명을 받고 반인반수의 괴물인 미노타우로스를 가두기 위해 지은 것으로 알려진 그 미로가 바로 이 미궁을 본따서 지었다는 설이 있을 정도이다.

다양한 퍼즐의 탄생과 발전

여러 증거물들이 제 때에 속속 등장하여 시대 흐름에 따라 퍼즐이 점점 더 다양하고 복잡해진다는 사실을 입증해주고 있는데, 이는 고고학과 역사적 연구에서 얻어낸 명백한 사실들이다. 그리스 신화에 따르면, 번호가 붙은 주사위는 기원전 1200년경 트로이 포위 작전 중에 발명되었다. 기원전 5세기에서부터 기원전 3세기까지 고대 희랍문화권에서는 수평적 사고 퍼즐(lateral thinking puzzle, 상식이나 기존 관념으로는 이해할 수 없는 상황을 제시하고, 그런 상황이 어떻게 해서 벌어졌는지를 맞추는 형태의 퍼즐)에 대한 열풍이 일었다. 또한 매우 중요한 수학적 작업들도 기원전 1000년 중반에 고대 그리스에서 많이 이루어졌으며, 이런 움직임은 서기 1세기 동안 로마 전역으로 옮겨갔다. 같은 시기에 중국인들은 유명한 로슈(Lo Shu) 마방진과 같은 숫자 퍼즐을 가지고 놀았고, 또한 그보다 더 강도 높은 수학적 작업들도 수행하였다.

근대까지 살아남은 퍼즐 혹은 퍼즐과 유사한 게임들은 현대에 접어들면서 점점 더 흔해지고 일상화되었다. 바둑은 중국에서 기원전 500년경에 시작되었고, 1,000년 뒤에야 일본에 전파되었는데, 오늘날에도 우리나라, 중국, 대만 일본 등 동아시아 국가들 사이에서 대중적이고 중요한 놀이로 자리 잡고 있다. 같은 시기에 체스도

등장했는데, 그 기원이 인도의 '차투랑가(Chaturanga)'라는 설도 있고 중국의 장기라는 설도 있으며, 또한 그 둘이 같은 뿌리라고 보는 설도 있다. 분리하는 방법을 알아내야 하는 '지혜의 고리(Puzzle rings)'라는 장난감도 역시 3세기경에 중국에서 나왔으며, 보드 게임인 '뱀과 사다리' 게임도 700년경 중국에서 시작되었다.

카드로 하는 게임에 관련한 최초의 자료는, 969년에 중국 요나라 황제인 목종 야율경(931~969)의 황당무계한 행위를 기록한 사료에 등장한다. 하지만 이 게임은 오늘날 서양에서 친숙한 카드 게임과는 다른 것으로 여겨지며, 서양 카드 게임은 11세기나 12세기에 페르시아에서 처음 등장한 것으로 보인다. 혼자 하는 카드놀이인 솔리테르(Solitaire)에 대한 최초의 기록은 1697년에 나온다. 18세기에서 19세기로 접어들면서 산업혁명의 영향으로 사상이나 아이디어를 전파하는 방식에 대변혁이 일어났고, 그에 따라 퍼즐의 세계가 폭발적으로 확대되었다.

특히 주목할 만한 것으로는 존 스필스버리(John Spilsbury)가 1767년에 창안한 직소 퍼즐(jigsaw puzzle, 그림 조각 맞추기), 1820년 찰스 바베지(Charles Babbage)에 의해 처음으로 공식적으로 논의된 틱택토(Tic-Tac-Toe, 3목두기), 1830년 미국에서 처음 등장한 포커, 프랑스 수학자 에두아르 뤼카(Édouard Lucas)가 1883년에 발명한 '하노이의 탑(Tower of Hanoi)' 퍼즐, 아서 윈(Arthur Wynne)이 발명하여 1913년 12월 21일자 〈뉴욕 월드〉 신문에 처음 기고한 십자말풀이, 헝가리 발명가 루비크 에르뇌(Rubik Ernö)가 1974년에 발명한 루빅스 큐브(Rubik's Cube), 그리고 미국 건축가 하워드 간즈(Howard Garns)가 발명하여 '넘버 플레이스(Number Place)'라는 이름으로 1976년 〈델〉 잡지에 처음으로 소개한 스도쿠(Sudoku) 등이 있다.

퍼즐과 뇌 건강

퍼즐은 인간의 정신에 매우 중요한 역할을 한다는 사실이 밝혀졌다. 최근 신경학과 인지 심리학 분야에서의 발전으로 퍼즐과 두뇌 훈련에 대한 중요성이 전에 없이 강조되고 있다.

오늘날 우리는 두뇌가 생명이 지속되는 동안에는 끊임없이 만들어지고, 형성되고, 조직된다는 사실을 알고 있다. 사실상 뇌는 그렇게 될 수 있는 유일한 인체 기관이다. 예전에 사람들은 두뇌가 영유아 발달에 최적화되는 방향으로 구축된다고 생각했지만, 사실 우리 뇌는 자체적으로 운용지침을 끊임없이 새로 고쳐 쓰고 있다. 이를 통해 신체적 손상을 피할 수 있고, 흔히 맞닥뜨리는 상황이나 절차 등을 다루는 과정에서 효율성의 극대화를 꾀할 수 있으며, 또한 뇌신경 자체를 우리 경험에 입각하여 재조직할 수도 있다. 이 놀라운 뇌의 유연성을 뇌가소성이라 부른다.

뇌가소성이 함의하는 것 중에 가장 중요한 점은 우리의 지적능력과 인지 건강은 나이와 상관없이 단련이 가능하다는 것이다. 마치 몸의 근육처럼 정신도 훈련에 반응하여 우리가 보다 좋은 기억력과 좀 더 건강한 정신력을 갖게 해준다. 물론 인간의 발달 단계에서 초기 단계는 매우 중요한 시기이다. 유아들은 성인의 거의 2배나 되는 시냅스(마치 장난감 블록의 요철 부위처럼 신경 세포의 말단이 다른 신경 세포에 접하는 부위)를 생성할 수 있는데, 이는 모든 경험으로부터 학습하고, 학습된 것이 발달하는 뇌구조 속에 자리할 수 있도록 스스로 공간을 확보하기 위함이다. 생후 36개월의 기간은 인간의 지력과 성격 그리고 사회화 능력이 형성되는 시기라는 점에서 특히 중요하다. 유년기의 두뇌를 신장시켜서 성년기로 진입시키는 좋은 교육은 노년의 정신 건강을

좌우하는 강력한 지표 중 하나이다. 정신적으로 힘든 일을 직업으로 삼고 살아갈 경우에는 특히 그러하다.

하지만 그 못지않게 중요한 사실은 25세의 뇌와 75세의 뇌는 차이가 거의 없다는 점이다. 시간이 흐름에 따라 뇌는 우리가 키워나간 생활방식에 맞도록 스스로 최적화한다. 거의 사용한 적이 없는 신경회로들은 사람들이 정기적으로 이용하는 임무를 더욱 효율적으로 수행하기 위해 재적응된다. 마치 우리 몸이 사용하지 않는 근육을 제거하여 유효 에너지를 최대한 활용하듯이, 우리 뇌도 사용한 적 없는 신경 근육을 제거한다. 또한 운동을 통해 근육을 키우듯, 지적 훈련도 정신을 '탄탄한' 상태로 회복시킬 수 있다.

적극적인 뇌 운동, 퍼즐 즐기기

불충분한 뇌 운동(인지훈련)이 노인들의 기억력 감퇴의 원인 중 매우 큰 부분을 차지한다는 것이 오늘날 일반적인 견해다. 비록 최근에 강도 높은 뇌 운동이 알츠하이머로 인한 뇌 손상까지도 피할 수 있다는 증거가 나오긴 했지만, 심각한 기억력 감퇴가 일어나는 경우는 보통 알츠하이머로 인한 신경세포의 손상과 관련이 있다. 뇌 질환으로 인한 뇌세포 손상이 아닌 경우 그 원인은 주로 뇌를 사용하지 않는 데서 기인한다. 이러한 오래된 가설에도 불구하고, 우리는 여전히 나이가 들어가면서 뇌세포가 광범위하게 파괴되는 현상을 크게 개선하지 못하고 있다. 그렇지만 뇌세포 위축의 원인이 되었던 정신력을 재건하는 일은 가능할 것이다.

전 세계의 연구 프로젝트들은 노인들 중에 나이에 비해 매우 총명한 정신력을 가진 이들에게서 어떤 뚜렷한 행동양식이 보인다는 사실을 발견했다. 그것은 평균 이상의 교육 수준, 변화에 대한 수용력, 개인적 성취감

충족도, 육체적 운동, 똑똑한 배우자 그리고 삶에 대한 강한 애착심뿐만 아니라 독서, 사교활동, 여행, 시류에 뒤처지지 않기, 규칙적으로 퍼즐 풀기 등이다.

하지만 스스로 참여한다고 여기는 이러한 행동양식들이 모두 도움이 되는 것은 아니다. 도움이 되는 활동은 직소 퍼즐이나 십자말풀이와 같은 퍼즐 풀기, 장기 두기, 상상력을 자극하거나 제대로 이해하려면 머리를 써야 하는 서적 읽기 같은 두뇌를 자극하는 적극적인 지적 추구 활동들이다. 그에 반해 수동적인 지적 추구는 오히려 정신력 쇠퇴를 촉진할 수도 있다. 정신력 쇠퇴를 가속화시키는 여러 소일거리 중에서 가장 해로운 것으로 텔레비전 시청이 꼽히지만, 놀랍게도 우리의 정신적 스위치를 '꺼버리게' 만드는 그 어떤 활동도 해로울 수 있다. 특정한 유형의 음악 듣기, 수준 낮은 잡지 읽기, 심지어 전화상으로 대부분의 사교 활동을 행하는 경우도 그러한 활동에 포함된다. 정신 건강에 도움이 되게 하려면 면대면 방식으로 사교 활동을 할 필요가 있다.

퍼즐 풀기는 과학이라기보다 예술에 더 가깝다. 퍼즐 풀기는 정신적 유연성, 기본 원리와 확률에 대한 약간의 이해 그리고 때로는 약간의 직관이 필요한 일이다. 흔히 십자말풀이의 진정한 달인이 되려면 그 퍼즐 작가의 스타일을 익혀야 한다고들 하는데, 사실 이 말은 다른 대부분의 퍼즐에도 어느 정도 적용된다. 그리고 이런 사실은 앞으로 이 책에서 접하게 될 여러 다양한 종류의 퍼즐들을 통해서도 확인하게 될 것이다.

옮긴이 오화평

서울대학교 수학교육과를 졸업하고, 서울시립대 교육대학원을 졸업하였다.
서울 개봉중학교와 경인중학교를 거쳐 현재 한성과학고등학교 수학 교사로 재직중이다. 서울 남부교육청
영재교육원 강사를 지냈고, 현재 한성과학고등학교 영재교육원 강사로 활동하고 있다.

멘사 수학
수학 테스트

초판 1쇄 인쇄 2018년 6월 25일
초판 1쇄 발행 2018년 6월 30일

지은이   멘사 인터내셔널
옮긴이   오화평

디자인   박재원

펴낸이   김경희
펴낸곳   다산기획
등록   제1993-000103호
주소   (04038) 서울 마포구 양화로 100 임오빌딩 502호
전화   02-337-0764
전송   02-337-0765
ISBN   978-89-7938-113-9 04410
             978-89-7938-111-5 (세트)

Korean Translation Copyright © 2018 by DASAN PUBLISHERS HOUSE, Seoul, Korea

* 잘못 만들어진 책은 바꿔드립니다

멘사코리아
주소 서울 서초구 언남9길 7-11, 5층 (제마트빌딩) **이메일** gansa@mensakorea.org **전화번호** 02-6341-3177